艺术设计专业教材

PRINT 印刷工艺与设计

王言升 姜竹松 编著

南京师范大学出版社
NANJING NORMAL UNIVERSITY PRESS

特此声明

　　本书所涉及的一些设计作品,仅供教学分析之用,作品著作权属原创者或原出版者所有;请图片著作权所有者见到本书后速与作者或出版社联系,以便作者及时支付稿酬,特此声明。

　　"江苏省艺术学优势学科"项目成果

图书在版编目(CIP)数据

　　印刷工艺与设计 / 王言升,姜竹松编著. —南京:
南京师范大学出版社,2011.7(2020.7重印)
　　艺术设计专业教材
　　ISBN 978-7-5651-0459-6/TS·15

　　Ⅰ.①印… Ⅱ.①王… ②姜… Ⅲ.①印刷—生产工
艺—教材 ②印刷—工艺设计—教材 Ⅳ.①TS805 ②TS801.4
　　中国版本图书馆CIP数据核字(2011)第152409号

书　　名	印刷工艺与设计	
编　　著	王言升　姜竹松	
责任编辑	何黎娟	
出版发行	南京师范大学出版社	
地　　址	江苏省南京市宁海路122号（邮编：210097）	
电　　话	(025)83598078　83598412　83598887　83598059（传真）	
网　　址	http://press.njnu.edu.cn	
电子信箱	nspzbb@163.com	
照　　排	南京凯建图文制作有限公司	
印　　刷	江苏凤凰扬州鑫华印刷有限公司	
开　　本	850毫米×1168毫米　1/16	
印　　张	5	
插　　页	8	
字　　数	114千	
版　　次	2011年9月第1版　2020年7月第3次印刷	
印　　数	5101-7100册	
书　　号	ISBN 978-7-5651-0459-6/TS·15	
定　　价	36.00元	

出版人　闻玉银

前　言

　　在印刷工艺发展日新月异的今天，有关印刷工艺的书籍层出不穷，为印刷行业的发展及印刷从业人员的培养提供了极其有益的理论基础和技能展示。但就目前的情况来看，大部分出版的书籍都是偏重于印刷原理、印刷设备的构造、印刷油墨等方面的介绍与研究，其针对的读者群多偏向于印刷企业员工或印刷行业的研究人员，对于印刷工艺与艺术设计之间关系的研究和介绍相对较少，对于从事艺术设计的人员来说，这些书籍对如何掌握和理解印刷工艺对设计作品创意、展示等的影响表达得不够清晰，介绍得不够全面。

　　本书基于艺术设计的角度来介绍与印刷工艺基础相关的理论知识和工艺效果，尽量满足平面设计师等从业人员更好地达成设计意愿的需求，因为在平面设计中，良好的创意构思需要具体的手段来实现，印刷工艺是其中使用得最多的手段。同时，印刷工艺在设计思维上更是一种设计的手段、表现的手段，其各种各样的创新工艺已经成为设计思维中重要的思考内容，甚至是设计作品中不凡的艺术表达元素。因此，本书在编写过程中采用了大量的印刷成品图例，一是为了展示不同工艺的艺术效果，了解相关工艺的基本知识；二是解读相关工艺在设计中的应用，启发设计思维；三是掌握一定的工艺流程和工艺种类，引导设计师将不同工艺的创新组合应用到平面设计中去。这也是本书编写的主旨。另外，本书在最后一章展示了几种常用的特殊印刷工艺的实际印刷范例，可为读者直观地展现不同的印刷工艺对设计作品艺术效果的提升和创意深度表达所起的作用。作为教材来说，这也是本书的亮点之一。

　　本书适用于高等院校、大中专院校以及职业教育中的艺术类学生和缺乏印刷工艺知识及经验的设计师。由于印刷工艺的发展速度快、涉及的学科多、实践性强，加之本人水平有限，书中难免有不当之处，望广大读者、朋友、同行批评指正。

作　者

2011 年 8 月 1 日

目　录

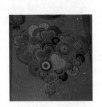

印刷工艺

第一章　印刷概述

与设计

[学习重点]

　　本章要求简单了解印刷工艺的发展，重点掌握不同印刷种类的特点和适印对象，充分了解印品质量、设计要求与印刷种类之间的关系，能基本解决印刷过程中与设计相关的问题。教授过程中结合实际的印品进行讲解。

[建议学时]

2课时

第一节　印刷方式

从工艺技术发展的现状看,印刷可以定义为:使用各种印版或方法将原稿或载体上的文字、图像信息等,借助于油墨或色料,批量地转移到纸张或其他承印物表面使其再现的技术。基于不同的设计要求或印刷品成品效果、印刷管理、机器设备、成本等方面的考虑,在实际的印刷过程中有多种常用的印刷方式可供选择。

一、凸版印刷

凸版印刷是利用凸版印刷机将凸版上的图文转移到承印物上完成复制的印刷方法。其印刷原理是:印版上的图文信息在一个平面上,并且明显地高于空白部分,涂有油墨的墨辊滚过印版表面,凸起的图文部分被均匀的墨层所覆盖,而凹下去的空白部分则不沾油墨,印版与承印材料接触,经加压机加压后,印版图文上附着的油墨便被转印到承印材料的表面,从而完成一次印刷品的印刷(图1-1)。

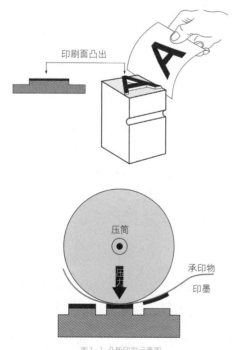

印刷面凸出

压筒

压力

承印物
印墨

图1-1 凸版印刷示意图

凸版印刷的特点在于,一是既能印刷小批量印件,又能印制批量很大的印品。凸版印刷由于压力较大,印刷品的纸背有轻微的印痕凸起,线条或网点边缘部分整齐,并且印墨在中心部分显得浅淡,凸起的印纹边缘受压较重,因而有轻微的印痕凸起,较能体现出印刷品一定的艺术品质感。其二,凸版印刷在压力作用下,油墨能被挤入纸张表面的细微空隙内,因而用比较粗糙的纸张仍能获得质量上乘的文字印刷品,对于有一定艺术要求的印刷品,在承印物选择上具有更多的灵活性。

凸版印刷有两大类印刷方式:一类是使用硬质凸版和高黏度的胶体油墨,称之为活字印刷,包括泥活字和铅活字。由于活字印刷对环境的严重污染和对人体健康的影响,以及印刷效率不高和印刷效果的局限性,目前已逐渐被其他印刷方式取代。但对于设计师或艺术家而言,活字印刷的表现效果质朴纯粹,艺术感染力也与众不同,作为一种艺术创作或设计表现的手段,仍然具有很强的艺术表现力。

另一类是使用软质凸版和低黏度油墨,称为柔性版印刷。柔性版印刷原理是:采用柔性版,使用流动性较强的流体油墨,油墨由网纹传墨辊传到印版,再由压印滚筒施以印刷压力,将印版上的油墨转移到承印物上,最后经干燥处理获得印刷成品(图1-2)。柔性版的网纹辊是柔印机器的传墨辊,是柔性版印刷最重要的核心组成部件,网纹辊表面布有凹下的油墨孔或网状线槽,印刷时传递油墨和控制油墨的传送量。与胶印相比,网纹辊简化了油墨传递结构,容易控制油墨流量,这一工艺流程的改进是柔性版印刷能获得与胶版印刷同样印品质量的重要前提。

柔性版印刷按不同的印刷加压形式可分为:平压平、圆压平和圆压圆三种形式(图1-3)。

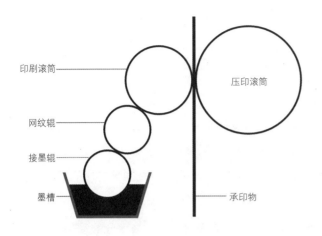

印刷滚筒

压印滚筒

网纹辊

接墨辊

墨槽

承印物

图1-2 柔性版印刷机结构示意图

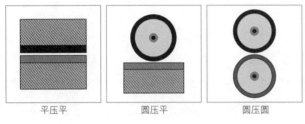

平压平 圆压平 圆压圆

图1-3 印刷加压形式示意图

1. 平压平

平压平型印刷机是压印机构与装版机构均呈平面型的印刷机。以平压平这种形式完成一个印刷过程需要时间较长，印刷速度是凸版印刷机三种加压方式中最慢的。按照印版和压印平版运动形式的不同，又分为活动铰链式、压板摆动式和平行压印式几种形式。

2. 圆压平

圆压平印刷机是压印机构呈圆筒型，装版机构呈平面型的印刷机。压印时压印滚筒的圆周速度与版台的平移速度相等，压印滚筒叼纸牙咬住纸张并带着旋转，当压印滚筒与印版呈线性接触时，加压完成印刷，版台往复一次，完成一个印刷过程。

3. 圆压圆

圆压圆型印刷机为压印机构与装版机构均呈圆筒型的印刷机。压印滚筒上的叼纸牙咬住纸张，当印版滚筒与压印滚筒滚压时，印版上的图文便转

移到纸张上。按照使用纸张的不同，圆压圆型印刷机分为单张纸圆压圆和卷筒纸圆压圆印刷机。

柔性版印刷属于绿色环保印刷技术，在包装印刷领域是主要的印刷方式，并具有举足轻重的地位。我们常见的包装如食品包装、塑料软包装、瓦楞纸包装等大多是采用柔性版印刷，它基本垄断了瓦楞纸板印刷。与其他印刷方式相比，柔性版印刷具有以下三个特点：

（1）柔性版印刷机器价格相对低廉。由于机器结构、印刷原理简单，供墨系统相对于胶印来说更方便操作和维修保养，具有大批量生产印品的成本优势。

（2）印刷品质量稳定、价格低廉。对于需要大批量印刷、高质量要求的包装领域，柔性版印刷是满足市场需求的最好印刷方式，尤其是食品与生活用品类包装。

（3）较小的印刷压力使得柔性版印刷的承印物得到较好保护的同时，可实现设计所需的印刷效果，如在较厚的瓦楞纸上，经过柔性版印刷后不至于破坏承印物材质肌理，在凹凸面也能很好地实现油墨的均匀传递，使得大批量生产流程更顺畅。

柔性版印刷由于其良好的印刷质量，适应广泛的承印材料及无毒无污染的特点，在国内得到了迅速发展，正在成为包装印刷的首选。

二、平版印刷

平版印刷通常是指平版胶印印刷，是将印版上的图文墨层转移到橡皮滚筒上，再利用橡皮滚筒与压印滚筒之间的压力，将图文墨层转移到承印物上的印刷方法。平版印刷是商业印刷中最普通的印刷技术，在大批量印制领域具有优质高效的突出优势，承印材料亦非常广泛。平版印刷通过印版和橡皮滚筒的作用，实现图文还原到承印材料的表面，

是一种间接印刷。

"油水不相溶"是平版印刷的基本原理。平版印刷的印版(亲水性、亲油性均好的铝版材)其图文印刷部分和空白部分没有明显的高低之分,几乎在同一平面上,但两者的化学性质不同,图文部分亲油,空白部分亲水。印刷时先将整个印版涂布润湿液,使印版上的空白部分形成亲水薄膜,再向印版涂布油墨,由于空白部分亲水疏油,而图文部分亲油拒水,所以印版上的油墨只吸附在图文部分表面形成亲油薄膜。因此,平版印刷必须使用润湿液,而润湿液的组成、性能对印版上油墨的转移至关重要(图1-4)。

平版印刷中的无水胶印技术则不需要水润湿印版。虽然无水胶印具有操作容易、图像还原好、产品质量高、有利于环境保护等优点,但在市场上使用得并不多,主要是因为这种印刷工艺技术还存在某些缺陷,主要表现为印版成本过高。无水胶印采用一种特殊的硅橡胶涂层印版和专用油墨进行印刷,印版是平凹版结构,由于材料原因,印版容易磨损和撕裂,并且印版材料特殊而国产很少,因此价格会偏高,加之专用油墨也有很多特殊要求,造成印刷的总体费用偏高。另外,无水胶印要求严格的温控,而且不同颜色油墨在不同温度条件下色彩还原也不同,需要谨慎的工艺流程技术管控,所以无水胶印只适用于低速、小幅面印刷,而且耐印力偏低,但对于高质量、小批量、小印件的印刷品而言,仍然是不错的选择。

图1-4 平版胶印使用的印版[PS版]

三、凹版印刷

凹版印刷属于直接印刷。20世纪70年代以前,凹版印刷中使用的凹版有手工、机械雕刻凹版和照相凹版两种,80年代中期出现了电子雕刻凹版,90年代以后,直接制版技术率先应用于凹版制版。凹版印刷所用的印版其图文部分凹下且深浅不同,空白部分在一个平面上,印刷时印版滚筒的一部分浸渍在墨槽中滚动,使整个印刷表面涂满了油墨,然后用刮刀或其他工具除去空白部分的油墨,再由压印机将凹下的图文部分上面的油墨压印到承印物表面上,完成油墨向承印物表面的转移(图1-5)。凹版印刷与凸版印刷正相反,其版面上的图文部分低于印版平面,以印刷表面凹下的深浅来呈现原稿上的浓淡层次。如果图文部分凹得深,填入的油墨多,压印后承印物表面留下的墨层就厚;图文部分凹下浅,所容纳的油墨量少,压印后这部分在承印物表面留下的墨层就薄。印版墨量的多少和原稿图文的明暗层次相对应。

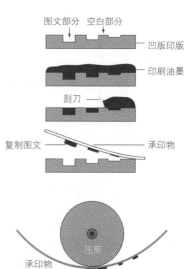
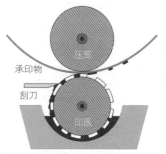

图1-5 凹版印刷原理示意图

凹版印刷的油墨转移简单而直接,每一次印刷转移的油墨都必须迅速干燥,因而使用醇基和水基以及紫外线固化油墨最为理想。凹版印刷的图像质量好,对于印刷上百万张的印刷品仍然是首选的印刷方法。

四、丝网印刷

丝网印刷与誊写版印刷、打字蜡版印刷、镂空版喷刷一样,都属于孔版印刷。孔版印刷是使油墨通过印刷图文部分的网孔漏印至承印物的印刷方法,丝网印刷是孔版印刷中应用最广泛的印刷技术。丝网印刷通常是将蚕丝、尼龙、聚酯纤维或金属丝制成的丝网绷在木质或金属制的网框上使其张紧固定,再在其上涂布感光胶,并曝光、显影,使丝网上图文部分成为通透的网孔,非图文部分的网孔被感光胶膜封闭,印刷时将丝网油墨放入网框内,用橡皮刮板在网框内加压刮动,油墨从通透的网孔处漏出,将图文印在承印物上,这种印刷方法称为丝网印刷(图1-6)。

丝网印刷制版迅速、印刷简便、承印范围广、成本低,有着其他印刷方法无法比拟的优点,具体表现在:

(1)墨层厚、覆盖力强。如果采用发泡油墨或特殊的厚膜丝网版,墨层厚度可达数百微米,可在颜色上再覆盖浅色。

(2)对承印物的适应性强。丝网印刷不仅可以承印平面的承印物,而且可以在各种曲面上印刷。承印物尺寸也不受限制,大可印各种大型广告、招贴画,小可印半导体元件、厚膜集成电路等。

(3)印刷压力小。丝网印版柔软而富有弹性,印刷压力小,所以不仅可以在纸张、纺织纤维等柔软的承印物上印刷,而且能在易损的玻璃、陶瓷器皿上进行印刷。

(4)对油墨的适应性强。丝网印刷几乎可以使用任何一种涂料进行印刷,如油性墨、水性墨、树脂墨、粉体墨等,而且对颜料颗粒的细度要求低(图1-7)。

丝网印刷可以将各种油墨印刷到各种尺寸和形状的不同承印物上,如标签、金属罐、包装盒、折叠纸盒等。由于用来进行丝网印刷的转轮丝网印刷机的印刷速度不是很快,因此丝网印刷工艺主要用于特种印刷和短版印刷市场,也只有在短版印刷领域,丝网印刷才是比较经济的。

五、数字印刷

数字印刷是在没有印刷版实体存在的情况下,直接利用数字图文信息进行印刷的技术,是在数字技术不断发展的过程中诞生的一种高科技印刷方

图1-6 丝网印刷

图1-7 丝网印刷作品　作者:安迪·沃霍尔

式。我们生活中常见的激光打印机、喷墨打印机、静电复印机等，都可以称之为数字印刷。数字印刷的工艺流程为：图文信息输入、处理→RIP→在机数字打样→客户认可→正式印刷→印刷品（图1-8,图1-9）。

数字印刷的特点是：

（1）印刷信息的可变性。在印刷过程中可以改变印刷内容，甚至使得每个印刷页码的页面内容都可以不同，实现"按需印刷"。

（2）印刷数量的灵活性。可以进行少到一份多到上千份的生产。由于省去了输出胶片、制作印版的各种成本，其整体印刷成本低于常规印刷复制工艺的成本，尤其适用于品种多而印量少的印刷品，如展览会宣传品、样本、菜单、标书、证书、出版社样书、个性化出版物等。

（3）印刷发行模式的灵活性。传统的印刷模式是"先印刷后发行"，而数字印刷技术改变为"先发布电子出版文件，再按需印刷"的新模式，更能适应市场的变化。

（4）在机直接数字打样。在正式批量印刷之前，可用数字印刷机印出样张，其印刷效果与正式印刷完全匹配。

（5）印刷过程的稳定性。传统印刷过程受到很多因素的影响，稳定性相对较差，而数字印刷机的

呈色剂、纸张较为固定，印刷过程在封闭的机器内部完成，环境条件变化小，因此印刷状态的稳定性较高。

由于高速发展的计算机技术，数字印刷提高了其在印数方面的能力，而不再局限于短版印刷领域。目前，最好的数字印刷机能够印刷出相片所要求的质量，并能与传统包装印刷工艺在短版印刷领域一较高低。

六、其他印刷

长期以来，凸版印刷、平版印刷、凹版印刷、丝网印刷、柔版印刷等印刷工艺，在印刷过程中大都以使用压力作为工艺基础，并且大多以纸张为承印物。因此，从一般意义上讲，超过了这个范围的印刷方法或印刷工艺，都可算特种印刷。"特种"与"普通"是相对而言的，比如"木刻水印"，在中国古代曾是一种普通的印刷方式，现在只有在特定需要时才使用这种方式，所以现在称木刻水印为特种印刷。

随着科学技术的迅猛发展，一些超出凸版、平版、凹版、孔版等印刷范畴，具有新的特性和功能的印刷方法应运而生，并迅速地渗透到社会的生活、生产中去，起到越来越重要的作用。如喷墨印刷、立体印刷、全息印刷、移印、静电印刷和热转移印刷以及表格印刷、数据卡印刷、条码印刷、防伪印刷等。

图1-8 小型数码印刷机

图1-9 数码写真机

第二节　印刷术发展历程

一、古代印刷术

印刷术是指使用印版或其他方式将原稿上的图文信息转移到纸张等承印物上的工艺技术。雕版印刷是人类历史上出现最早的印刷术。雕版印刷术是由盖印和拓石两种方法发展而形成的,是一种经过翻印反刻阳文的整版而获得正写文字或图样等复制品的方法(图1-10)。从现存最早的文献和印刷实物来看,我国雕版印刷术出现于公元7世纪,即唐贞观年间。贞观十年(636年)唐太宗下令印刷长孙皇后的遗著《女则》,这是世界上使用雕版印刷的开始。到了宋代,雕版印刷术已相当发达,从官方到民间,从京都到边远城镇都有刻书行业。历史巨著《资治通鉴》就是在这个时期刻印问世的。

宋代雕版印刷术的发展主要体现在以下几个方面:

(1) 在楷书的基础上产生了一种适合于手工刊刻的手写体,为后来印刷字体——宋体字的产生创造了条件(图1-11)。

(2) 在印刷、装帧形式上,由卷轴发展到册页。册页的出现使每一页的格式统一、对折准确。到公元10世纪后,册页这种形式已被社会认可,且通行、流传至今。

(3) 发明了彩色套印术。当时的彩色套印有两种形式:套版和饾版。套版是先根据原稿的设色要求,分别制出与其色标相同的若干块大小一样的印版,再逐色地印到同一张纸上,从而得到彩色印品。饾版是根据原稿设色要求和浓淡层次,将画面分割、勾画、雕刻成若干块版,将每一种颜色分别雕一块版,有时多至几十甚至上百块版,然后再依照"由浅到深、由淡到浓"的原则逐色套合、叠印的工艺技术(图1-12)。

图1-12 雕版套印木刻年画印刷

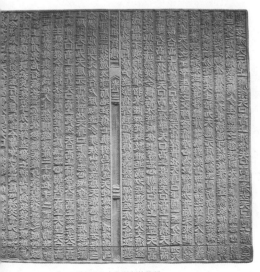

图1-10 古代形制的雕版

图1-11 宋代刊刻字体,宋体字的雏形

（4）发明了蜡版印刷。蜡版印刷是雕版印刷的一种，只不过版材不是通常所用的枣木或梨木，而是在木板上涂上蜡，通过在蜡上刻字后再印刷。用蜡可以快速地刻出字和图案来，所以朝廷重要的信息、指令等要求立即张贴示众的文件，常常采用蜡版印刷。

公元1041—1048年（宋仁宗庆历年间），布衣毕昇发明了泥活字版印刷，成为印刷术发明后的第二个里程碑。泥活字印刷是预先用胶泥刻成一个一个单字，用火烤使其坚硬，印刷时根据文稿拣出所需的字依次排在事先已均匀地撒上一层松脂、蜡或灰之类的铁夹板上，然后将铁夹板在火上加热，等蜡稍加融化使得活字与铁板凝固在一起，这样便制好了一块平整、牢固的活字印版。印刷的方法与雕版印刷相同，只是印完后把版放在火上再加热，可将活字取下储存再用。

活字印刷术的发明是找到了印刷的最小单元，以不变的文字块应无穷的文字内容，简化了制版过程，提高了效率。这不仅是印刷技术的突破，更是思维方式的突破。现在利用网点印刷图像，其原理与活字印刷术是一样的。

1450年前后，欧洲著名的发明家德国人约翰内斯·古腾堡（Johannes Gutenberg）对原有的印刷技术进行创新，他用铅、锡、锑合金铸成铅字块（图1-13、图1-14），使用油墨代替水墨，而且创造了印刷机。这种创新的技术适应了欧洲宗教改革和文艺复兴的需要，迅速传遍欧洲和北美，对普及科学文化知识和工业革命的发展起了重大的推动作用。1452年，意大利的金匠腓纳求赖（Maso Finiguerra）发明了凹印雕刻铜版；1796年奥地利的塞纳菲尔德（Alois Senefelder）发明了石版印刷术，使平版印刷原理适用于图文印刷；1839年法国人达盖尔（Manteis Daquelle）发明了照相术；19世纪50年代，英国人泰尔伯特制成了重铬酸感光胶和锌版。与此同时，法国和美国先后制造出圆压圆原理的轮转印刷机，适应了当时报纸书刊等加大发行量的需求。1898年英国人柯伦开始了照相排字机的研究，1924年美国人奥格斯与项特尔利用胶片制成照相字模版，1930年德国人巫尔进一步改进为成行照相排字机。20世纪六七十年代，国际上的照相排字技术由机电式进一步发展为阴极射线式，80年代则进一步发展为激光照排式。

二、现代印刷术

自1905年美国人鲁培尔创造平版胶印技术以来，平版胶印开始成为现代印刷技术的主流，并一直在不断地进步和发展。

图1-14 以铅活字为设计元素的设计作品
《铅字版》，选自中国元素，作者：李海滔

图1-13 铅活字

1.平版胶印技术的高速化和自动化

过去人们一直致力于提高胶印机印刷方面的生产力,而所谓的"印刷生产力",是指单位时间的生产量除以单位时间的生产消耗,即产量与消耗的比值。所以,一般来说,增加印刷生产力有两条途径:提高印刷速度和降低浪费。提高生产速度已经被业界广泛重视,并已得到解决,对于单张纸胶印机,其印刷速度可以达到15 000份/小时,而对于卷筒纸轮转胶印机,其印刷速度可达到每小时7~8万份,这个速度基本已经接近目前印刷的极限。为了降低印刷过程中的浪费,在胶印技术中开始采用无键供墨系统、水墨平衡自动控制系统、橡皮布自动清洗系统、自动换版系统等新的技术,提高胶印技术的自动化(图1-15)。

图1-15 4色平版胶印机

2.平版胶印技术印前处理向直接制版技术发展

就目前来看,平版胶印的最终目标是保证每一个网点在各工序之间正确地传递,也就是说,平版胶印中各工序越少,网点的稳定传递可能性越高。为了提高生产能力和降低印刷成本,人们开发出了一种将图文信息直接输出到激光制版机上制成数字印刷版的技术,采用这种技术,可抛弃传统的印刷软片(菲林片),减少拷贝、晒版等工序,这种技术称为计算机直接制版技术(Computer To Plate, Computer To Press,Computer The Paper),简称为CTP技术。我们这里所谈的CTP是指CTP系统,而不是简单的CTP机。CTP系统是随着数码打样、自动拼版等的广泛应用而得到真正的发展。也就是说,CTP系统赖以发展的不是CTP机本身,而是流程。一套从排版到输出控制的完整的印艺数码流程,是CTP系统的基础。一套不好的印艺流程将会是CTP系统发挥优势的最大障碍,因此,人们将会非常关心基于流程的CTP系统。

3.直接成像技术

由于传统的印刷工艺存在过多的工序,从而使整个印刷过程投入的设备过多,产品质量下降,管理成本提高及交货周期过长,为此,在胶印技术的发展上又开发出了直接成像技术(Direct Imaging)。所谓的直接成像技术就是将计算机处理好的图文信息直接输出到已安装在印刷机上的印版照排机上制版印刷。这种革命性的直接成像技术大大简化了印刷生产的步骤,使印刷机变得简单易用,印刷效率大大提高,而且拼版、套印的准确率大大提高,可印刷更高密度,更加鲜艳、微妙的颜色。这在传统印刷过程中是绝对不可想象的。

4.无水胶印技术

由于在传统的平版胶印中必须要有水的参与,从而使印刷过程的控制变得很困难,也引发了一系列的问题,如油墨的严重乳化、纸张的掉粉、掉毛、油墨色彩发淡、网点扩大等,为此人们开始研发出一种新的技术——无水胶印技术。

无水胶印具有以下特点:

(1)实地油墨密度较高。由于无水胶印印版的结构特点,同样的油墨条件下无水印刷比其他方式的网点扩大率更小一些,即油墨密度相同时,无水印刷比有水胶印的网点更小,印出的色彩层次更加丰富。

(2)无水胶印可以印刷高网线的产品,大大提升印刷品的品质。

然而,由于无水胶印中没有水的参与,随着印刷速度的加快和滚筒之间的摩擦,滚筒表面的温度会急剧升高,温度的升高将会改变油墨的性能,因此,无水印刷过程中的温度控制是非常重要的(而有水印刷中的水就起到了降低印版表面温度的作用)。

5. 无轴传动技术

无轴传动技术(Sectional Driving Technology)是指每一组印刷单元都由独立的伺服电机驱动,而各电机之间则由先进的控制系统进行跟踪平衡,其优点包括:极大地缩短准备时间,包括换版、调墨、套印调整等;大幅降低印刷损耗。

无轴传动的印刷机,每一个印刷机可分别设定为"运转程式"和"准备程式"。在"准备程式"下,该印刷机组可以按照操作人员的意愿,在任意速度下转动,与正在"运转程式"下的其他机组的印刷机毫无牵连。这样,"准备程式"下的机组可以进行版辊清洗、油墨交换、任意速度下的墨辊调整等。由于印版运转精度相当高,各印刷机组间张力恒定,机器不仅在正常生产时比传统传动轴设备套印更稳定,并且在增速、减速中也可以保持良好的套印效果。同时,如果按照业务要求,一个印刷工作完成后,下一个印刷任务只需要更换某一个印版或版辊,那么将不同的预备版事先装好,完成该任务后无需停机,只要将不用的版升起,同时预备版落下,利用快速调版功能即可开始下一个印刷任务。

思考与练习

1. 印刷技术的快速发展不仅能完美地展现平面设计作品,而且还深深地改变了我们的创意设计思维,那么这些改变主要表现在哪些方面?

2. 结合丝网印刷的具体实践,深入思考丝网印刷过程中潜藏着哪些创意技法? 可以从丝网版的制作、油墨的调制、承印物的选择、刮板的运用等方面来考虑。

印刷工艺与设计

第二章　印刷工艺

[学习重点]

　　本章节介绍了印刷原理的基础知识,重点了解四色印刷、专色印刷的工艺方法,结合相关平面设计,分析和理解四色印刷与专色印刷各自的优势与不足,学会将设计与印刷进行合理的关联,思考设计与印刷的关系。

[建议学时]

4课时

第一节　什么是印刷工艺

一、印刷工艺概念

对于印刷工艺的解读,站在不同的角度有不同的理解。一种认为,印刷工艺是把视觉、触觉信息等进行印刷复制的全部过程,包括印前、印刷、印后加工等。这种理解比较偏重于印刷的全部过程,内涵的覆盖面较宽。另一种认为,印刷工艺是一项集摄影、美术、化学、电子、软件、材料、环保等于一体的复杂工程。后者涉及了摄影技术对图像信息的影响,美术设计对艺术美感和审美思想的影响,化学性质对印刷原理的影响,电子技术对印刷发展的影响,电脑软件对印刷管理和设计的影响,材料属性对印刷效果的影响等。这样的理解更加重视综合知识和技术对印刷作业的影响,同时还兼顾了印刷工艺的发展因素。另外,还有一种观点认为,常规四色印刷以外的其他印刷和产品形成前的各类印后加工统称为印刷工艺。可见,目前对于印刷工艺的表述还没有一个完全统一的界定,但是综合以上的说法,概括地说,印刷工艺就是实现印刷的各种规范、程序和操作方法。

二、印刷工艺流程

一般来说,要完成一件印刷品的印刷,必须要经过原稿分析、印前图文信息处理、制版、印刷、印后加工五大工序。以目前使用比较广泛的平版胶印来说,随着计算机技术在印刷行业的广泛应用,平版胶印工艺流程也产生了很大的变化,特别是平版胶印中的印前图文信息处理工序更是如此。随着印前技术的不断发展,印前图文信息处理的工作流程也得到了不断的完善,特别是彩色桌面出版系统的出现和计算机直接制版技术的出现,使得平版胶印工艺流程也相应地发生了变化。

1. 印前流程

印前流程是指设计原稿在交付印刷之前的作业顺序及过程(图2-1)。这一过程对原稿设计与印刷工艺的适应性方面有着很大的关联性,要求原稿设计必须符合印刷工艺的要求,同时必须确保设计原稿图文信息的准确性。

2. 印刷流程

印刷流程是指设计原稿到印刷半成品的作业顺序及过程(图2-2)。所谓印刷半成品是指最终成品之前的印刷品,如装订成册之前的书籍或样本、模切和模压之前的包装盒等。

3. 印后流程

印后流程是指印刷半成品到印刷成品的作业顺序及内容(图2-3)。这一过程主要是对印刷半成品进行成品加工的工艺技术处理。印后流程所涉及的印后工艺很多,任何一种印品都不可能应用到全部的印后工艺,因此,针对不同的设计要求和成品结果的要求,印后流程所体现的内容也有所不同。

第二节　印刷工艺基础

一、印刷网点

印刷网点是平版胶印中最小的,也是最基本的印刷单位。印刷中网点的微观变化在宏观上改变着图像的阶调层次和色彩变化。

那么,为什么一定要采用网点来印刷呢? 这主要有两个方面的原因。

第一,印刷工艺要求采用网点印刷。我们知道,在传统的模拟印刷中,如雕版印刷、活字印刷等,印版上永远只有两个元素——图文部分和非图文部分。如果印版上的这两个元素没有任何微观

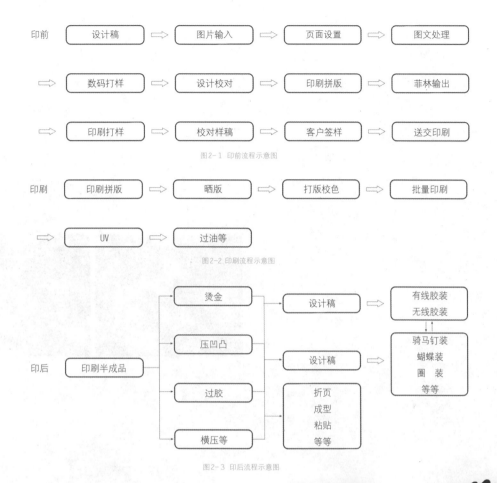

印前　设计稿 ⇒ 图片输入 ⇒ 页面设置 ⇒ 图文处理

⇒ 数码打样 ⇒ 设计校对 ⇒ 印刷拼版 ⇒ 菲林输出

⇒ 印刷打样 ⇒ 校对样稿 ⇒ 客户签样 ⇒ 送交印刷

图2-1 印前流程示意图

印刷　印刷拼版 ⇒ 晒版 ⇒ 打版校色 ⇒ 批量印刷

⇒ UV ⇒ 过油等

图2-2 印刷流程示意图

印后　印刷半成品

烫金　设计稿 ⇒ 有线胶装　无线胶装

压凹凸　设计稿 ⇒ 骑马钉装　蝴蝶装　圈装　等等

过胶　折页　成型　粘贴　等等

横压等

图2-3 印后流程示意图

上的变化,那么,通过该版印刷出来的印刷品只有两个层次——黑与白;颜色方面,单色印刷时只能表现出两种——黑色与白色,如果是四色印刷最多也只有八种颜色,这样就无法表现出图像上丰富的阶调层次和缤纷的色彩效果。如果能将印版上的图文部分分割成无数面积大小不同的点,不同面积大小的点着墨后,着墨的多少在视觉效果上也就表现出了不同的阶调层次。同样,着墨的多少,也呈现出了千变万化的色彩。这些小点在印刷上称为网点,所以印刷上一定要采用网点来印制(图2-4)。

第二,人的视觉使采用网点印刷成为可能。人眼区分两个不同发光点的能力称为视觉敏锐度,是指人眼在正常的明视觉距离内(250mm)能分辨出的两点对人眼所形成的视角的倒数(图2-5)。通常情况

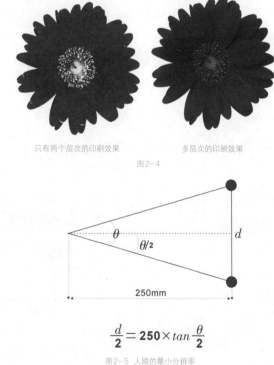

只有两个层次的印刷效果　　　多层次的印刷效果

图2-4

$$\frac{d}{2} = 250 \times tan\frac{\theta}{2}$$

图2-5 人眼的最小分辨率

下,在印刷过程中只要采用的加网线数使网点之间的距离小于0.073mm,人眼就不能分辨出网点,从而使印刷出来的图像表现出连续调的感觉。

网点有点类似于色彩构成中的色彩空间混合作业练习,图像由极小的色块组成,每一个色块相当于一个网点,远看便成为连续调的图像(图2-6)。因此,基于以上两个方面的原因,在印刷过程中,一定要将连续调的图像转变成网目调图像方能完成图像的复制。这种转变主要是由印前图像处理系统来完成。

1. 网点的形成

网点的形成因不同的印前图像处理的方式而有所不同,最早的图像处理采用照相分色加网方式完成,在这种方法中主要采用网屏来形成网点。网屏的形式有两种,一种是玻璃网屏,一种是接触网屏,但这种加网方式随着照相分色方式的淘汰基本离开了印刷的舞台。

现在,无论是采用电子分色处理系统,还是在数字化印前图像处理系统中,都是采用电子加网方式形成网点,只不过在电子分色中由网点发生器形成网点,而在数字化印前图像处理系统中则是由PIP(栅格图像处理器)形成网点。

电子加网形成的网点是由若干个曝光点组成,曝光点的大小与输出设备的分辨率有关,输出设备的分辨率越高,曝光点就越小(图2-7)。

2. 网点的分类

按照加网方式的不同可将网点分为调幅网点和调频网点两种。

调幅网点是指单位面积内网点的个数不变,通过网点面积大小反映图像色调的深浅,对应于原稿色调深的部位,印刷品网点的面积大,空白部位小,接受的油墨多;对于原稿上色调浅的部位,印刷品上网点的面积小,空白部位大,接受的油墨量少(图

2-8)。

调频网点是指单位面积内网点的大小不变,通过网点的疏密反映图像密度大小。网点密的地方,图像的密度大;网点疏的地方,图像的密度小。因此,调频式网点不存在网点角度的问题,正是这方面的原因,采用调频式网点进行印刷时,可以制出多于四色的印版,以实现对原稿的高保真印刷(图2-9)。

色块效果　　　　　　　　色块缩小后的混合效果

图2-6

图2-7 加网形成的网点

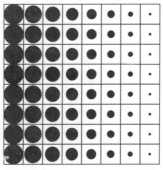

图2-8 调幅网点示意图　　　　　图2-9 调频网点示意图

3. 网点的特征

（1）网点面积覆盖率（网点百分比）。在印刷中，网点面积覆盖率是指单位面积内着墨的面积率，例如，在单位面积内着墨面积覆盖率为50%则称为50%的网点，在我国习惯上称之为"5成点"，45%的网点则称为"4.5成点"。

在现在的网点百分比的梯尺中，一般采用10个层次共22级的体制来表示印刷品上图像的阶调层次，这10个层次分别是100%、90%、80%、70%、60%、50%、40%、30%、20%、10%，然后在每个层次之间设立5%的网点级差，加上小于5%的小黑点和处于95%和100%之间的小白点，共划分22级（图2-10）。

（2）网点形状。网点的形状有多种，最为常用的有方形网点、圆形网点和链形网点或椭圆形网点。在印刷中，不同的网点形状对印刷图像的阶调层次有不同的影响（图2-11）。

（3）网点线数。网点线数是指单位长度（每英寸或每厘米）内排列的网点个数，用"线/in"或"线/cm"表示，在习惯上也称为"网屏线数"或"网目数"。单位面积（每平方英寸或每平方厘米）内的网点个数是网点线数的平方数，如：175线/in的网点数是175×175=30 625点，60线/in的网点数是60×60=3 600点。网点线数越高，则单位面积内的网点个数越多，表示图像的基本单元（网点）越小，因而图像的层次表现得越丰富，细节也就越多，反之，图像的层次会有所下降，印刷出来的图像越粗糙（图2-12）。但是，有一点必须注意，网点线数越高，单位面积内的网点越多，在印刷过程中导致的网点增大也越严重，因此，在选择高网点线数进行印刷时，必须考虑印刷工艺条件和印刷设备。

2% 5% 10% 15% 20% 25% 30% 35% 40% 45% 50% 55% 60% 65% 70% 75% 80% 85% 90% 95% 98% 100%

图2-10 22级网点梯尺

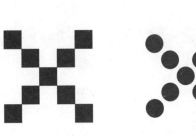 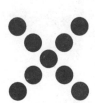  

方形　　　　　圆形　　　　　链形　　　　A 70线/in

图2-11 常用网点形状

B 175线/in　　　　C 300线/in

图2-12 不同网线效果示意

在印刷过程中,要针对印刷品的类型、承印材料的种类和印刷设备的精度,来选择相应的网点线数。以纸张为例,在印刷中最为常用的纸张有新闻纸、胶版纸、铜版纸,在采用这三种纸张进行印刷时,其网点线数的选择分别是:新闻纸为60~85线/in,胶版纸为100~133线/in,铜版纸为150~200线/in,即平滑度越高的纸张,印刷的加网线数也就可以相对高些。

（4）网点角度

在印刷品上,如果利用放大镜来观察印刷品上的图像,则会看到组成印刷品图像的网点是按照一定的规律进行排列的,网点的角度表示的就是网点排列的方向。

网点角度的选择在印刷中是一个重要的问题。选择网点角度的原则是:尽量使网点的方向性不被觉察出来,而更重要的是应注意多色印刷中多色版网点角度的搭配不能产生龟纹。任何两种周期性结构的图案叠加在一起时,会产生第三种周期性图案,这种图案称为莫尔条纹,当莫尔条纹十分醒目时,就会造成对正常图像的干扰,这种干扰在印刷界被称为"龟纹"(图2-13)。

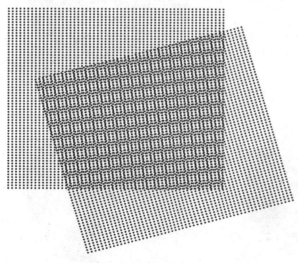

图2-13 印刷品产生的"龟纹"

实验证明,当任何两种周期性结构的图案排列角度差大于或等于30°而叠加在一起时,产生的莫尔条纹最轻。根据这一原则,印刷中对于不同的印刷方式大都采用如下网点角度:

① 对于单色印刷,只需一种网点角度,常采用45°。

② 对于双色印刷,需要两种网点角度,常选用45°和75°(15°)。

③ 对于四色印刷,则需要四种网点角度,一般常选用15°、45°、75°、90°。

二、四色印刷

在彩色印刷中,最常见的是"胶版四色印刷"。胶印四色的基本原色是由通常所说的"CMYK"组成,它们分别代表青蓝(Cyan)、品红(Magenta)、黄色(Yellow)、黑色(Black)四色。

四色印刷就是四色套印,简单地说就是针对图像各种颜色进行分色制版,以网点形式表现各个原色不同的浓淡程度,再制作成印刷机器所需要的印版。首先是基于设计原稿输出四色软片(直接制版技术不需要输出软片),利用软片分别晒制蓝版(C)、红版(M)、黄版(Y)、黑版(K),也就是PS版(图2-14)。印刷机器将各色印版按前后顺序着墨印刷,制作成彩色印刷成品。

四色或多色印刷时,印刷机器按照设定逐个印刷CMYK各原色,要求四色或专色印版要套准,这样一种工序称为套印,是印刷供应商的技术操作范畴。套印不准时,上下颜色交错有可能露出纸张原色,也有可能露出下层底色,习惯上称为"露白",形成色彩错位,或造成图像、图形、文字模糊不清,出现次品或废品(图2-15)。

印刷原稿

套印准确印刷结果

套印不准印刷结果

图2-15

C版菲林

M版菲林

Y版菲林

K版菲林

C版印刷色

M版印刷色

Y版印刷色

K版印刷色

C+K印刷

M+K印刷

Y+K印刷

C+M印刷

C+Y印刷

M+Y印刷

C+M+Y+K印刷

图2-14 四色印版分解

在一些印刷技术比较落后的地区，也有用单色印刷机器完成彩色印刷品的，其过程比较复杂，因为每次只能印刷一种原色，四色套印就需要过机四次，所需工期长、效率低、损耗大。由于套印不够准确，也造成印品质量下降。

目前，在四色印刷的基础上，更多印刷设备厂商推出5色乃至8色，甚至10色等印刷设备，其原理等同于四色加不同专色或金属油墨印刷，画面影调和色彩更加细腻，层次更加丰富，表现区域更加广阔，也大大提高了印刷品质。

三、专色印刷

专色是指图像颜色不通过CMYK四色设置，而是用印刷前已经调好的或油墨厂家生产好的专门油墨来印刷该颜色，如金墨、银墨等。使用专色可使色彩管理更准确。专色印刷时，印刷纸张的白度、光泽度以及油墨吸收性对色彩的偏差影响最大，因此，在调配专色时，应该在即将上机印刷的纸张上"试样"，并观察和核对实际颜色表现，特别是使用艺术纸等特殊纸张时尤应注意，这样，才能较真实地反映印刷效果。

尽管在电脑屏幕上不能准确地显示某一专色的颜色，但通过标准颜色匹配系统的色卡，能看到该颜色在印刷中准确的表现。一般情况下印刷设计中所指的专色几乎都使用潘通色。

潘通色是潘通公司所开发的国际标准配色系统。潘通公司是全球领先的色彩标准公司和色彩权威，1963年，该公司的主席和首席执行官劳伦斯·赫伯特先生(Lawrence Herbert)发明了举世闻名的潘通配色系统，这些配色系统如今已成为包括印刷、出版、包装、图像艺术、绘画艺术、电脑、电影等在内的众多领域全球化的色彩交流标准，而潘通色彩凭借其书籍、软件、硬件和相关产品服务，现在已经成为世界知名的通用色彩标准和全球色彩语言。潘通油墨有固定的色谱、色卡，用户需要某种潘通颜色都可以在其中找到相应代码。电脑设计软件几乎都有潘通色库，可使用它进行颜色定义(图2-16)。

A:Adobe PhotoshopCS2里的潘通色库

B:CorelDRAW9里的潘通色库

图2-16 电脑里的潘通色库

从印刷效果上看,专色印刷其墨色均匀、实地厚实,且饱和度与纯度都比四色套印要高,印刷出的颜色效果是四色套印所不能企及的,所以在印刷大面积均匀色块时,最好以专色油墨代替四色印刷(图2-17,另本教材封面上的红色即专色红印刷,墨色显得均匀且饱满)。有时为了突出或衬托出彩色图像,设计时通常以添加一个特殊色相作为背景或满版色块,即彩色图像部分采用四色印刷,而实地部分采用专色印刷,这样,彩色图像和实地部分都能得到很好的颜色效果(图2-18)。但相应地会增加印刷成本,所以要注意核算印刷成本,因为印刷供应商将按5色印刷计算印刷费用,制版和印刷成本都会有所增加。

图2-17 专色金印刷效果

采用专色印刷时,要做专色印刷版,俗称专色版或专版。因此,为确保印刷成品的质量,设计师在设计过程中需要对专色印刷的部分设计专色印刷原稿,专色印刷设计原稿通常以实地黑色来表示。

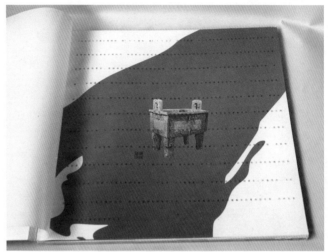

图2-18 专金色印刷背景与四色印刷图像

四、软片

软片也就是我们常说的"菲林",是借助一些现代化的设备,如照相机、电子分色机、数字化印前图像处理系统等将以原稿形式再现的图像信息制成能满足印刷制版需求的透明胶片,即传统胶片照相过程中所说的底片(图2-19)。

从印刷的角度来看,软片的质量高低将对印刷的质量有着重要的影响,这是因为软片将是晒版、印刷两大工序的基础。而软片质量的好坏,不仅与输出设备的输出质量和精度有关,而且还与软片的冲洗工艺有很大的关系,一般来说,主要取决于对软片的显影和定影两部分。

软片的质量一般来说要考虑三个方面,一是软片网点的密度要高,因为胶印中阳图晒版为达到有

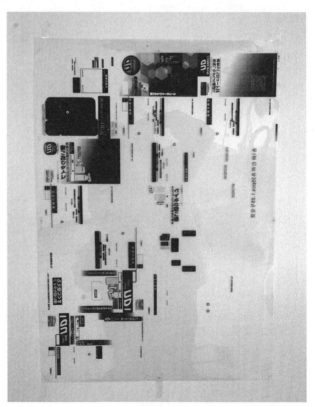

图2-19 菲林

效的曝光量,不能让网点覆盖的部分有光量通过,要求网点必须有足够的密度,特别是小网点要经得起曝光。二是软片的网点要光洁,不能发虚,即要求每一个网点其中心密度要与边缘密度一致,这样才能有利于软片的网点能忠实地转晒到印版上。最后是要保证软片透明部分的灰雾度小于0.04,要达到透亮清通。

五、晒版

1. 晒版机

目前常用的制版设备主要是晒版机,常用的晒版机有平晒机、连晒机、自动拼版连晒机等。平晒机主要用于单一原版晒版以及人工拼图晒版或套图晒版(图2-20)。晒版机主要由光源、晒版台、玻璃框架盖、吸气泵、操作面板等组成。其工作步骤是:首先,将版材放置在晒版机的晒版台上,并用挂钉将版材定好位,同时留出叼口的位置,不同的印刷机叼口的位置不同;其次,将分色软片(菲林)放置在版材上,一定要在叼口外;第三,合上玻璃框架盖,除去玻璃盖上的灰尘,进行抽气,使软片与版材密合;第四,开始正式曝光晒版。

无论是何种晒版机,晒版光源是决定晒版质量与速度的关键,一般选用卤素灯作为其光源。

2. PS版

PS版是印刷时用的铝版,PS用来在其上晒软片(菲林)。平版胶印中的PS版称为预涂感光版(Pre-sensitized Plate),简称PS版,它是目前平版胶印中应用最广的一类版材(图2-21)。

目前PS版主要有两种类型,一类是阳图型PS版,是目前应用最多的一种版材,在晒版时使用的软片为阳图片,是分解性的版材,即见光分解;另一类是阴图型PS版,目前主要用于报纸、杂志等的印刷,在晒版时使用的软片为阴图片,是光聚合性的

版材,即见光发生交联反应。针对这两种类型的PS版,不仅用来晒版的软片不同,而且使用的感光液和感光机理亦不相同。

PS版选用压延性良好的金属铝为版基,印版厚度可在0.1~0.5mm范围内变化,能够适应各种规格的平版印刷机对印版厚度的要求。目前情况下,PS版制版工艺的基本流程为:曝光→显影→除脏→修补→烤版→涂显影墨→上胶。

PS版具有商品化贮存性(保存期在一年左右)、使用简便、分辨率高、印刷适应性强、耐印力高等特点,能适应高速印刷的要求,在平版印刷中提高了彩色印刷品的质量,为实现平版印刷的规范化、数据化、标准化提供了条件。现在平版印刷中85%以上的印制采用的是PS版。

图2-20 晒版机

A使用后的PS版

B印刷机上正在使用的PS版

图2-21 PS版

第三节
印刷工艺与平面设计的关系

印刷工艺是将设计思想进行具体展示和批量复制的重要手段。结合设计的表现及设计作品艺术品质的需要，将印刷工艺的手段应用于设计中，通过印刷手段所达成的印刷效果，可以提升设计作品的艺术感染力和视觉冲击力，更可以对设计作品的创意思想和创意内涵起到锦上添花的作用。同时，也通过设计的创意要求和表现要求研究出新的印刷工艺，促进印刷工艺技术的改进和创新，使二者之间相互作用、相互促进、相互提升，形成一个有机的设计、制作整体。具体来说，印刷工艺与设计的关系主要体现在以下三个方面。

1. 印刷工艺是设计思想具体呈现的手段

印刷工艺可以通过一定的工艺流程、技术手段和材料把巧妙的设计构思转化为具体有形的印刷成品，将无形的设计思想变成可视的视觉符号。这是印刷工艺所具备的最基本、最本质的功能。

2. 好的印刷工艺能更好地提升设计的品质

能否体现设计作品最佳的品质，是衡量作品印刷成功与否的重要标准，优秀的设计作品从设计到制作都会因其独特品质而给观者留下深刻的印象。特别是作品的艺术品质是彰显作品艺术价值、思想内涵、美学理论、推广效率、公众认知等综合内容最好、最有效的因素。任何一件设计作品缺乏良好的视觉语言表达都将无法对目标对象产生深远的影响，也不会轻易地达成最终的设计目的。艺术语言的完美展示会对设计作品的成功推广和设计目的的有效达成起到事半功倍的效果，而设计中艺术品质的实现需要选择最适合的表现手段，印刷工艺就是其中最重要的一个方面，好的印刷工艺能更好地提升设计的艺术品质(图2-22至图2-29)。

3. 设计要求的提高推动着印刷工艺的创新

纵观印刷发展的历史，其技术上的创新和进步皆因为更高的要求使然，当雕版印刷无法满足对图形表现的要求时，发明了照相印刷术；当照相排字技术不能理想地处理文字信息时，发明了激光照排技术，直到现在的自动化印刷、数字化印刷等。设计要求对印刷工艺如何全面反映设计作品最终的艺术品质、创意思想等产生深刻的影响，这就要求印刷工艺的创新要能完全满足设计的需求。而针对不同的设计项目，设计要求的标准是多样的、新颖的，甚至是超前的，那么印刷工艺的创新也要在设计的要求下有所突破，即有什么样的设计要求也要有相应的技术创新，要求越多创新越广，要求越新创新越异。因此，在设计作品实现的过程中，设计需求推动着印刷工艺在创新的道路上走得越来越宽、越来越广、越来越远。

图2-22

图2-23

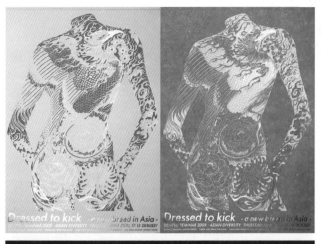

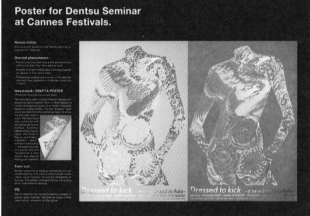

图2-26 本图选自《印谱》

图2-24 良好的工艺体现出强烈地艺术品质
选自《中国元素获奖作品集》，作者：电通株式会社

图2-25 本图选自《印谱》

图2-27

图2-28

思考与练习

1. 结合具体的印刷实例,深入思考良好的印刷工艺如何有效地提升平面设计的表现力和艺术感染力?

2. 技术的创新与改革往往是基于需要而得到发展,设计上出于对艺术表现效果的无限追求,也对印刷技术
   的创新产生一定的影响,试分析这种影响主要体现在哪些方面?

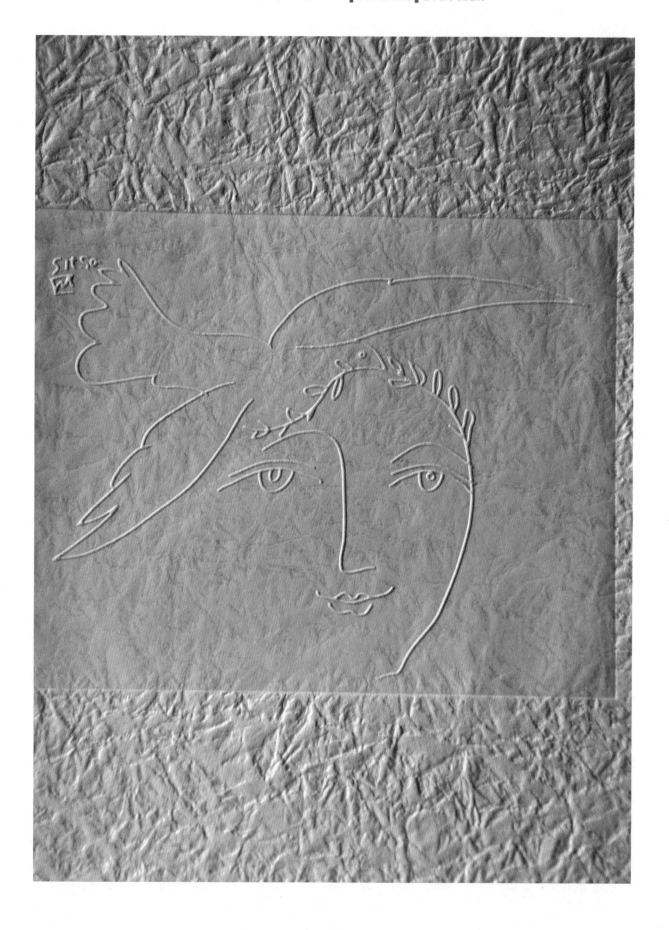

印刷工艺
与设计

第三章　特殊印刷工艺

[学习重点]

　　本章节需要对所介绍的每一种特殊工艺和特殊油墨都能充分地理解,并了解其基本的工艺方法,结合具体地设计创意,深入思考这些工艺对设计表现的影响。教授过程中结合实际的印品进行讲解。

[建议学时]

8课时

第一节　特殊工艺效果

为了突出印刷品独特的创意设计效果,可以选择特殊印刷工艺技术来实现。深入了解和灵活运用这些特殊工艺,是检验视觉设计、印刷水平深度的重要指标。特殊工艺对设计作品能起到锦上添花、画龙点睛、如虎添翼等作用,在某种程度上还具有防伪功能。

从印刷工艺组合角度来说,业界常说的特殊工艺主要指胶版印刷工艺与丝网印刷工艺的结合,以及在烫印金箔工艺基础上进行胶印或丝印等比较复杂的特殊工艺技术。它们利用不同印刷工艺技术的优点结合,取长补短、互相补充、相互辉映,制作精美的印刷品。

特殊印刷工艺所产生的效果,其优点在于:

① 强化印刷品直观效果,使得印刷成品具有强烈的视觉冲击力。

② 外观效果上体现领先的设计和表现理念。

③ 帮助设计师和客户实现创意构思,启发设计师的灵感和设计思维。

④ 借助于一定的承印材料,呈现某种特殊肌理效果,普通印刷难以复制。

⑤ 具备一定的防伪功能。

⑥ 提升印刷品所服务对象的附加值。

一、UV仿金蚀刻

UV仿金蚀刻印刷,又名砂面印刷,也就是我们常说的"砂金"或"砂银",也有的称之为"金砂"或"银砂"。以工艺过程和产生的效果看,称为"金卡磨砂"或"银卡磨砂"更为准确些,因为该工艺是在有金属镜面光泽的承印物(如金、银卡纸)上印上一层凹凸不平的半透明油墨以后,经过紫外光固化(UV)后产生的类似于光亮的金属表面经过蚀刻或磨砂的效果。这种印刷工艺在高档印刷物中运用较为广泛,比如酒标、烟标、贺卡、高档商品外包装、精装书籍等。由于采用丝网印刷和UV固化技术,磨砂油墨会在印刷品的表面形成小颗粒状。另外,磨砂油墨有粗、中、细颗粒等级,因此,印刷效果也有粗砂、中砂、细砂之分。其特点是质感丰富、层次分明,具有富贵之气,视觉效果强烈,且触摸时有砂质手感,可以使印刷品柔和、庄重、高雅、华贵,达到普通油墨难以实现的效果。目前已迅速地得到推广和应用(图3-1)。

UV蚀刻油墨的墨丝短而稠,印刷后由于油墨膜面粗糙不平,在光照下产生漫反射,膜面光泽显得较暗;有金属光泽的无膜面地方,在光照下反光为正反射,光泽较强。所有膜面的地方灰暗凹下,无膜面的地方光亮凸起,二者效果迥然不同。为了反映出承印物固有的光泽,所用的油墨应是透明型,不宜使用遮盖力大的油墨。

二、彩葱印刷

彩葱印刷是指一种叫彩葱粉的添加剂与印刷油墨(通常是UV油墨)结合使用,在印刷油墨未干燥时,通过在其表面铺陈彩葱粉,使其干燥后成颗粒状的效果。彩葱粉的特点是五彩缤纷,具有类似于珍珠般的光泽,色泽柔和、质感细腻、高贵典雅。主要用于印刷品内部具有特色图文的局部,用较低目数网版方可印刷,适用于白卡、玻璃卡、镀铝膜、金银卡等承印物。根据印刷品的需要,可选择不同密度的彩葱粉。与彩葱效果类似的工艺是珠光,其颗粒更晶莹和细腻(图3-2至图3-4)。

图3-1 采用UV仿金蚀刻印制的印刷品，图A选自《印谱》

图3-2 采用彩葱印刷印制的成品

图3-3 采用彩葱印刷印制的成品

图3-4 采用彩葱印刷印制的成品

三、热敏凸字工艺

热敏凸字工艺简称UV凸字光油。主要由高浓缩、高透明度、高膨胀性以及具有良好附着力的、紫外线光固化后不变色的UV光油演变而成。经过本道工序后使得印刷部位比普通油墨的墨层厚，隆起更高，无须凹凸压纹工艺，无论从视觉还是手感方面都有强烈的立体效果，且会呈现出类似立体水晶、雕刻或滴胶一样的效果。如果混合其他原料如七彩粉、幻彩片等，效果会像七彩宝石般美丽。UV凸字光油也有荧光、亚光以及多种颜色效果。具有干燥快、耐磨、环保、效果晶莹透明、不变黄、手感光滑、操作简单、费用低廉、性价比高等特点（图3-5）。

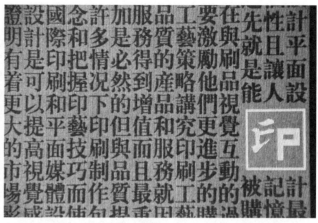

图3-5 采用凸字光油印制的效果，选自《印谱》

四、植绒工艺

植绒可以被形象地称为"种草皮"，不同的是，"草皮"被换成了纤维绒毛。种植技术是利用高压静电感应原理，静电植绒就是使绒毛带上负电荷，把需要植绒的物体放在正极，绒毛受到异电位的"被植绒体"的吸引而"植"于涂过胶的表面，干燥固化后形成涂层，增加了厚重感和立体感，显得真实并增加了印刷品的华丽美感。特点是立体感强、手感柔和、颜色丰富、耐摩擦。在目前我国植绒工艺仅在服装面料方面应用得比较多。

五、激光热熔胶膜工艺

激光热熔胶膜是市场上比较少见的激光转印工艺，其原理是通过激光雕刻技术，剥去热熔胶膜多余的部分，再经过热压机转印留下图文。乍看类似烫电化铝效果，但手感和质地以及品质则截然不同，其质感比较硬实。这种激光转印膜适合精度要求不高的艺术图案和文字，根据转印温度的不同，图文色彩也会出现深浅变化。这种工艺有一定的局限性，且加工速度慢，但特点鲜明、视觉新颖。

第二节　特殊印刷油墨

特殊的工艺效果，除了选用不同的印刷工艺技术、特殊的印刷承印物，还可以使用特殊印刷油墨来呈现特殊的效果。

一、皱纹油墨

皱纹油墨的原理是在丝网印刷后油墨固化过程中，分别用低压、高压汞灯照射，导致皱纹油墨表层与里层的固化分为两阶段完成，里层产生的张力致使表层不均匀收缩起皱，形成了纹理效果。由于每次的固化过程影响油墨表面的随机性因素，不同批次成品中皱纹形状和纹路走向会有明显的差异。

二、冰花油墨

冰花油墨是由于油墨经UV固化后，在印刷承印物表面形成许多小片，类似晶莹剔透的冰花而得名。冰花油墨印刷受到墨层厚度、UV灯强度、温度、固化速度等因素的影响，工艺不稳定，每张印刷品的冰花效果会有不同的变化。因此，冰花油墨印刷最好是小批量生产。

三、珊瑚油墨

珊瑚油墨会在印刷品表面堆积出"珊瑚",呈现一种类似啤酒花的泡沫,其原理是利用珊瑚油墨表面张力很小的特点,经丝网印刷后,丝网自然带动油墨产生沫状气泡,经UV光照射固化后,看起来就有泡沫状珊瑚的效果了。

四、折光油墨

折光油墨除了要利用油墨对入射光线有强烈的折射特点,还要在制作印版时采取特殊工艺。比如,在印版上加上许多平行的密集线条,丝印时将折光油墨刮到印刷载体上,产生密集的平行光栅,油墨层对入射光的折射就形成肉眼看到的折光效果。一般来说,网版的线条密度在每毫米4条以上就可以达到很好的折光效果。

五、夜光油墨

夜光油墨是用一种蓄光型发光颜料(俗称"夜光粉")为添加剂和普通油墨的结合体,具有普通油墨所没有的发光特性,使印制品在处于暗处时可自动发光,具有良好的指示、提示、装饰、美化等功能。夜光油墨可根据发光亮度的要求确定夜光颜料的用量,并需要较厚的油墨印刷方可取得较好的效果,因为油墨中的夜光颜料的含量越高,油墨印制的图案的发光亮度就越高,发光时间就越长。

思考与练习

1. 特殊的印刷工艺有很多,除本章所讲的常见特殊工艺外,还有哪些印刷工艺能印制出特殊的印刷效果? 可进行有效的社会调查,通过专业的书刊、网站、专家、印刷机构、设计机构等来进行了解和搜集。

2. 结合课堂或社会实践的具体设计项目,利用自己对印刷工艺的了解,设计一套印刷工艺的组合使用方案,并对每一个工艺结合设计目的进行准确说明。

3. 油墨对印刷效果的影响显而易见,那么通过本节对特殊油墨的简单介绍,对于特殊油墨能更好地提升设计效果,实现设计目的有何感想? 继续从其他渠道了解更多的油墨种类,从油墨的特性和添加料方面思考。

印刷工艺与设计

第四章　印前设计

[学习重点]

　　本章重点掌握印刷用设计文件及设计元素等的处理能如何更好地适应印刷工艺的要求,同时,深入了解承印材料对印刷成品质量的影响以及对设计作品表现力的影响。学会设计手段与设计材料的综合运用。

[建议学时]

8课时

在科技手段日新月异、信息技术不断发展的今天，虽然电脑已经被广泛地应用到设计领域，各种功能的设计软件已经足够让富有创意的设计师们完美地在电脑上表现其天马行空的创意理念，但是要让这些设计构思和创意思想付诸现实，并最终得到能充分地表现出设计理念和品质的印刷实物，还需要一段相当漫长的过程。因此，作为一名平面设计师，不仅要对印刷工艺有相对深入的了解，更要熟悉设计对印刷工艺的适应性。

第一节　图形、图像处理

一、图形

图形是具有某种形态特征的二维（平面）或三维（立体）信息体，一般是指由没有复杂阶调层次变化的点、线、面等元素组成的色块，以及由色块组成的形状复杂、色彩变化相对简单的组合形体。目前设计中常用的图形元素基本上是在电脑上用相关设计软件绘制而成，如CorelDRAW、Illustrator、Freehand等软件。这种由电脑绘制的图形多为矢量图形，在放大或缩小使用时，图形信息不受影响（图4-1）。

二、图像

图像是由无数个像素组成的，像素是组成图像的最基本单位，组成图像的像素越多，包含的信息量就越大，图像也就越细腻，质量就越高。为保证印刷成品的质量，对用于印刷的图像进行处理通常应注意以下几个问题。

1. 图像原稿的质量

图像原稿质量的高低是决定印刷成品质量好坏的关键，只有高品质的图像原稿才能印制出高质

量的成品。因此，在进行印前设计的时候，设计师应该确保最好的原稿质量，一方面是好的图像能保证印刷的质量，另一方面好的图像能更好地体现设计意图和良好的视觉效果。图像原稿的质量标准主要包括：丰富的阶调层次、准确的色彩还原、清晰的图形元素。

2. 图像原稿的来源

获取高质量的图像原稿通常有以下几个渠道。

（1）反转片

反转片又叫正片或幻灯片，是影像色调、色彩与景物的明暗程度、色彩一致的感光片（图4-2）。特点是反差大、灰雾度低、清晰度高、感光度低。由于反转片的成像质量较高，对于一些高端印刷品或质量要求较高的印品常采用拍摄反转片来获取所需的图像原稿。

（2）负片

用传统的胶卷拍照时，我们通常所说的用于冲印照片的底片就是负片。虽然反转片也是底片，但很少直接用于冲印照片，且反转片上的图像是正的，即与实际景物色彩、明暗度一致，所以这里的负片是指除反转片以外的底片。负片是影像色调或色彩与景物的明暗程度相反或色彩为互补色的像片（图4-3）。

（3）印刷品

采用印刷品时，就是对印刷品进行图像的二次复制，原始印刷品的质量对再次获得的图像质量影响较大。在数字技术普及以前，设计师经常使用这种方法，现在一般很少使用，只在原稿图像遗失或无法使用原稿的情况下使用，如一些历史性的资料等。

（4）数码摄影

数码摄影是数字技术高度发展的产物，因其方便快捷、即拍即现、即拍即用的特点，广受设计师和

摄影师的喜爱,被越来越多地应用于设计领域,并成为图像获取的主流渠道。专业上常用的数码相机为"单反相机",依据相机的配置和技术参数的不同,价格上有很大的差异,成像的质量也有一定的区别。当然摄影技术也是影响图像质量的关键因素,所以好的设计师也需要和专业的摄影师进行良好的合作。另外,数码相机虽然具备很多先天优势,并且基本上都能满足普通的设计、印刷要求,但从更高的标准来说,目前其成像质量,如图像的清晰度、图像的锐度、色彩的还原度等方面还是不如正片的图像效果。

图4-1 采用CorelDRAW(左)和Illustrator(右)软件绘制的矢量化图形

图4-2 正片与图像

图4-3 负片与图像

（5）数字绘制

电脑技术的蓬勃发展和软件开发的日新月异，越来越多的图像开始由数字技术的手段来直接绘制或生成，图像的形式越来越多样化、图像的效果越来越精良化、图像的造型越来越原创化、图像的创意越来越新颖化、图像的表达越来越目的化。数字技术在推动设计发展的同时，也提高了印刷的效率和质量。数字图像软件除CorelDRAW、Illustrator、Freehand等用于绘制矢量图形的软件外，最常用的是Photoshop软件。Photoshop是一款专业处理图像的软件，是设计师必须掌握的软件之一，它既可以对已有图像进行处理，也可以进行原创图像的绘制（图4-4），特别是数字绘图板和绘图笔的出现，更是大大提升了数字绘图的表现力（图4-5数字绘图板），是设计师常备的绘图工具。另一类是三维类的软件，如3DMax、Maya等，这类软件主要用于动画创作，但对于平面设计所需的图像造型和表现效果往往优于平面类软件，其效果更接近于真实，更容易达成设计的意愿（图4-6），建议设计师能掌握其中一种，有助于提高设计的表现能力。

（6）绘画原作或实物原型

绘画原作或实物原型一般情况下不直接采用，通常是采用摄影技术或电子分色技术来获得图像。但对于一些特殊的印品来说，有时会将一些实物原型直接应用于印刷成品，如刺绣作品、版画作品、剪纸作品，甚至徽章、标志、吉祥物等经铸造或特殊工艺加工好的作品等。

3. 图像输入

图像输入是将已有的图像原稿通过一定的技术手段输入数字设备，以便进一步编辑使用。图像输入针对不同的原稿特性需采用不同的技术手段，平面类原稿一般采用电子分色的方式输入，常用的输入设备是平板扫描仪、滚筒式电子分色机。普通

图4-4 在Photoshop软件里设计的原创图形

图4-5 数字绘图板

图4-6 3D效果设计图

平板扫描仪由于图像色彩调控原理与印刷原理存在差异，所以在色彩处理上要特别当心，否则容易产生色差。而滚筒电子分色机因为其原理与印刷一致，相对偏差较小且纠正也相对容易。立体的实物原型一般采用摄影的方式输入，如雕塑作品、装置艺术作品、壁画作品等。如果采用正片或负片拍摄，还需要经过电子分色的过程，如果采用数码相机拍摄则可以直接使用。另外，对于一些较大型的平面类原稿，如大型绘画作品、大型设计作品等，由于受到分色设备尺寸的限制，通常也采用摄影技术输入。

确保图像的高品质是图像输入的基本原则，因此，在针对不同图像的性质进行图像输入时还应该注意几个问题。

① 印刷品原稿输入时，由于本身带有网纹，复制时容易出现"龟纹"和"撞网"，所以不要等比例扫描，最好避开错网，缩小或放大5%以上，扫描后用图像处理软件进行去网调整。

② 使用数码摄影作品时，应使用高精度、大尺寸的作品，一些暗部较深的作品容易产生"死网"，也就是单色现象，造成印刷品质的下降，因此，对于摄影作品在使用时应该准确掌握曝光量，这对摄影师有一定的技术要求。

③ 无论是扫描原稿、反转片还是负片等，一般遵循"宁大勿小"的原则，即大尺寸、大容量。大尺寸是大于成品用稿尺寸，但一般不超过成品用稿的1倍。在对反转片扫描时，由于反转片的成像质量较好，在尺寸上与成品用稿尺寸一样时，进行1:1的扫描即可。大容量就是较大的数据量，如10M大小的成品，在15~20M内进行。

④ 负片在使用时通常需冲印成照片再进行分色输入，在冲印照片时，一方面也要遵循"宁大勿小"的原则，另一方面照片用的相纸不宜采用有纹理的相纸，可选择光面相纸。

4. 图像调整

图像调整就是对输入电脑的图像进行有目的的编辑，使其达到设计所需的效果和满足印刷工艺的要求。图像调整主要针对以下内容进行。

（1）图像修饰与加工

无论采取哪种方式获得的图像，在获得图像的过程中总会受到客观因素的干扰而影响成像的效果，多少会出现一些瑕疵或不理想的地方，甚至图像的客体本身就存在某方面的不足，这时就需要进一步的修复、加工来完善图像，如去除图像中多余的元素、改变图像的背景等（图4-7）。

图4-7 图像修饰前与修饰后的效果

（2）图像尺寸设定

根据设计要求和印刷要求调整印刷所需的准确尺寸，以尽量减少图像质量损失为基本原则，通常由大图像往小图像调整，相反则会影响图像质量。

（3）图像分辨率设定

对于点阵图像（Photoshop软件所处理的图像都是点阵图像），能满足印刷要求的分辨率一般为300~350dpi，通常处理图像时不要低于这一精度要求。但也不要高于这一要求，理论上是精度越高图像质量越好，但实际的印刷过程中，图像的复制是通过印刷网点再现的，350线的印刷网点已能满足几乎所有的印刷要求，太高的精度设定没有实际意义，只能徒增设计文件的数据量而占用电脑更多的空间和内存，影响设计的效率。

（4）图像的创意和再加工

有些图像为了更好地体现创意思想、设计理念和视觉效果，有时需要进行较大的调整，以配合设计意图的实现，这种深度的调整往往以破坏原有图像的形式、内容等方式达成目的，如色彩基调的重大改变、图片元素的打破重组、特殊效果的运用等。这些调整在设计上属于正常的技术手段，但应用于印刷则需要考虑最后的印刷效果（图4-8）。

（5）图像色彩模式

用于印刷的图像其色彩模式必须是CMYK模式，即印刷油墨的青、品红、黄、黑四色，这是我们常说的四色印刷的标准色彩模式（图4-9）。

三、图形、图像文件格式

矢量图形文件格式常用的有：

① CorelDRAW的专有文件格式CDR；

② Illustrator的专有文件格式AI；

③ Freehand的专有文件格式与版本有关，主要有FH3、FH5、FH7、FH8等。

位图图像文件格式主要是指Photoshop的文件格式，主要有以下几种。

① PSD和PDD格式。这两种格式是Photoshop的专用格式，能保存图像数据的每一个细节，包括层、蒙版、通道等，但缺点是形成的图像文件特别大，打开和存储的速度慢，有时会影响设计的效率（图4-10）。

② JPEG（JPG）格式。这是一种压缩的图像格式，属于有损压缩，即将图像画面中不易被觉察的细节数据压缩掉，对细小层次和细微色彩差异进行合并。优点是形成的图像文件小，应用广泛；缺点是进行有损压缩时，使图像清晰度下降，细节不清晰，但可以设置压缩级别，如果级别较高压缩较少时，几乎不易被察觉（图4-11）。

③ EPS格式。为封装的PostScript文件格式，既可以用于保存位图图像，也可以保存矢量图形，并且几乎所有的图形、图表和页面排版程序都支持该格式，是广泛应用于各图形、图像软件之间进行文件传递的格式。

④ TIFF格式。是一种非常通用的文件格式，属于无损压缩格式，广泛应用于各相关软件和计算机平台之间进行文件的相互转换。TIFF图像是一种灵活的位图图像，几乎所有的桌面扫描仪和绘画、图像编辑、页面排版软件都支持该格式，也是目前最通用、最专业的图像保存格式。

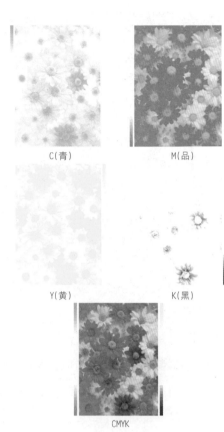

C(青)　　　　　　　M(品)

Y(黄)　　　　　　　K(黑)

图4-8 原图与经过创意加工的图像

CMYK

图4-9 图像的四种色彩模式

图4-10 PSD格式文件所包含的信息(图层信息、通道信息)

图4-11 JPEG文件压缩级别选择

第二节　文字信息处理

一、文字处理的基本原则

对于文字的处理，无论是在设计阶段还是最后的印刷成品，都必须保证文字清晰、可识别、便于阅读、无错误，这是处理文字信息最基本的原则，否则将会影响文字的信息传达功能和印刷质量。

二、文字处理的方法与技巧

1. 字体与字号的设定

字体是指文字形态的风格、特点，字号是指文字字面的尺寸大小，字体和字号的设定受设计意图和印刷工艺的双重制约。在设计意图上，字体和字号的选择通常要满足审美和信息表达的要求；在印刷工艺上要符合清晰复制的要求(图4-12)。

2. 多文字的排版

文字多意味着信息多、元素多，最容易出现的问题是文字信息错误率上升和文字排版视觉凌乱。在进行设计排版时应进行多次文字校对，版式安排上注意字距和行距的比例关系，一般是行距大于字距(图4-13)。

3. 反白字的运用

反白字是指在底图上将文字反白应用的一种方式，分为单色块底图反白、多色块底图反白和图像底图反白。在色块底图的大墨色印刷中，反白字的应用由于印刷工艺的局限性，多色叠加后，油墨在压力下会出现扩张，那些较小的线条和文字容易断裂模糊，因此建议少用、慎用反白字，多用实体印刷字。如果必须使用反白字，则尽量选择合适的字体和字号。在图像底图中，由于图像本身信息复杂、视觉效果丰富，如果再使用反白字，会使得视觉凌乱造成阅读困难，必须使用时可采用合理的表现

手段突出文字的可视性，如文字描边、文字衬底等(图4-14)。

4. 跨页文字的处理

在跨页上安排文字是很危险的，因为，文字的组合是不能稍有错位的，更不能有视觉缺失，虽然在平面设计时考虑得很精确，但是印刷和后期制作中，特别是装订工艺中都存在一些变数。如确实需要文字跨页，应把字距间隙作为跨页缝边(图4-15)。如果在精装本书籍中扉页有跨页文字，还要考虑书槽位的距离。

蜂王浆的成分

神秘 **R** 物质

蜂王浆的成分非常复杂，随着人类化学工业的发展，蜂王浆的主要成分和含量都已得到了有效地研究，97%的成分已被研究清楚。其中，除水份外，还有糖类、蛋白质、氨基酸、酯酸、多种脂肪酸、翻糖酶、磷酯、糖脂类、多种维生素、胰岛和钾、钠、钙、镁、铜、铁、锌等微量元素；但是，另外还有近3%的物质却直到现在都未被研究确定，且目前无法进行人工合成。世界上把他们用蜂王浆的英文名称"Royaljelly"的第一个英文字母"R"来表示。人们通过对蜂王浆分析，将它和的成份按天然蜂王浆的比例配置，用来饲喂工蜂幼虫，但不能使工蜂幼虫变为蜂王，这就说明"R"物质对工蜂有否成为蜂王起着决定性的作用。"R"物质的特性很娇嫩，这类物质的生物作用是与王浆中其他已物的作用是互相关联的，且作用是很大的。

高能王浆王：浓缩的精华，让身体充满活力！

选用优质活性春季为原料（春天采集的高品质纯蜂王浆），采用超小时内速冰库，并采用先进的CO₂超临界萃取技术、分离技术及生物技术，再结合专有的"超性晶集结型"技术浓缩精制而成，最大程度地保存了蜂王浆中极易失去的天然"R"物质。

产品特点

天然：原料产自湖北神农架（原始森林）养殖基地，原始生态无污染，采源植物丰富，原料经采收后1.5~2H时内低温处理，有效保存了蜜蜂制品的鲜活适应，100%纯天然。

有效：服用本品1个月，90%以上亚健康男士能明显提高精力和体能水平。

安全：急毒性毒理试验表明本品完全无毒性。服后无血压升高、心跳加快、呼吸加快等不良反应。

无成瘾：本品通过全国调节人体机能，帮助身体迅速恢复正常生理平衡，有效缓解素的"追老还童"功效，并非为药物的短暂作用，故完全无成瘾、无依赖性。

方便：单用小包袋，成功解决了蜂王浆服用不便的问题，并能完整保留蜂王浆中的活性成份，常温保存不易变质，是新一代滋补养生的纯天然健康食品。

高能王浆王的临床发现：酒量应酬不再成烦恼，帮您省体力精神，酒桌无惧，酒后无忧，疲高酒量、睡眠好。

图4-12 满足各项要求的文字应用设计作品

图4-14 图像底图反白应用 衬底

图4-13 好的文字排版效果与不好的排版效果比较

正确

错误

图4-15 文字跨页正确处理与错误处理

5. 彩色文字的处理

印刷细如发丝(或者更细)的彩色文字,四色印刷很难把握,套印时只要有一丝一毫的套印偏差,即错版,文字的边缘就会产生毛边和虚影,这样的文字会造成阅读困难。彩色文字最好使用专色印刷,一次性完成精准的文字,但相应地也会增加一定的印刷成本(图4-16)。

6. 转曲线文字的问题

在众多的字库中,有些字体在转换成曲线文字时容易出现中空或填实的现象(图4-17),除非是故意追求的一种设计效果,否则就必须予以调整,一般的处理方法是先将曲线文字全部打散,然后再进行重新组合。

7. 点阵文字的缺陷

点阵文字是指在Photoshop中输入制作的文字。有些设计师只会使用或习惯使用Photoshop软件,文字编排工作也在Photoshop中进行,但因为Photoshop软件做出来的稿件为点阵图像,如果用它制作文字,不论是单色还是四色,印刷成品时文字都将会产生锯齿和虚边(图4-18),影响印刷质量和设计效果。所以设计师在设计制作中,要尽量避免使用Photoshop软件编辑制作文字。

8. Word文本导入常见问题

在多文字排版时,因为方便快捷,文字输入多用Word软件,但Word软件是办公软件,与专业的设计排版软件有很大的区别,特别是在文本属性上有一定的差异,导致我们将Word文本复制到排版软件页面时,经常出现乱码或文字不显示的状况,这一方面可能是字体属性造成的,可以通过改变字体来恢复;另一方面可能是文本不兼容造成的,需要在排版软件中重新输入。所以在使用Word文本导入时,设计师要注意仔细检查文字。

三、特殊文字的处理

特殊文字主要是指针对文字要做的特殊效果,如文字的立体效果、肌理效果、投影效果、发光效果等,通常用于一些标题性的、字号较大的文字(图4-19)。这些文字效果一般在Photoshop软件中进行制作,然后再导入到排版软件中应用。在Photoshop软件中制作特效文字时要注意把握分辨率和尺寸,也要遵循"宁大勿小"的原则,导出时要转换成CMYK色彩模式。有些排版功能较强的软件,如

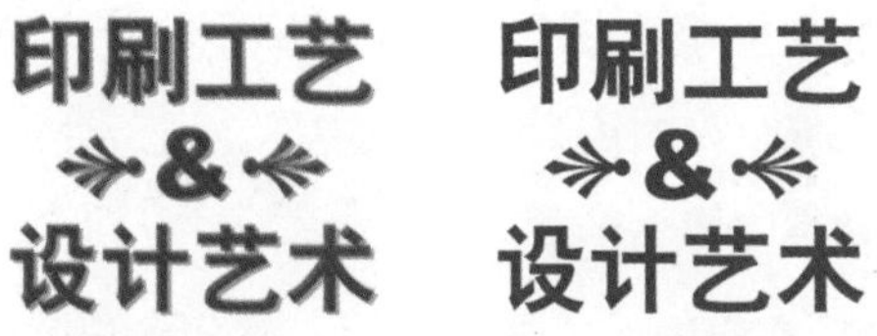

套色印刷(错版)　专色印刷

图4-16 套印错版文字与专色文字示意图

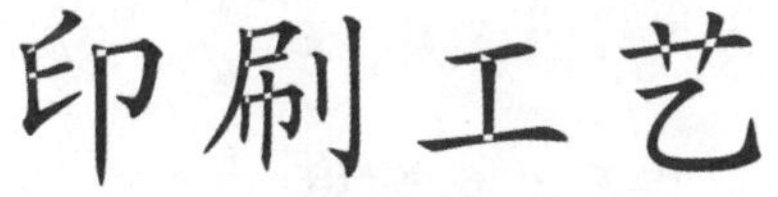

中空现象

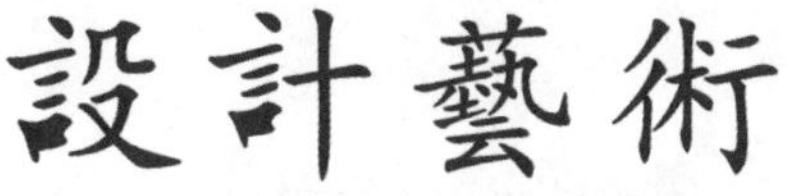

填实现象

图4-17 文字转曲线中出现的中空和填实现象

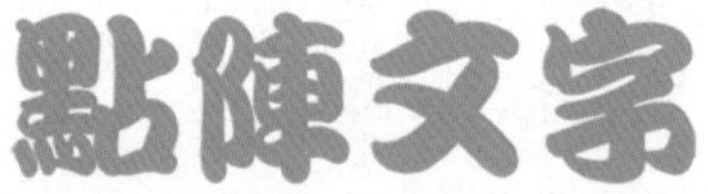

点阵文字

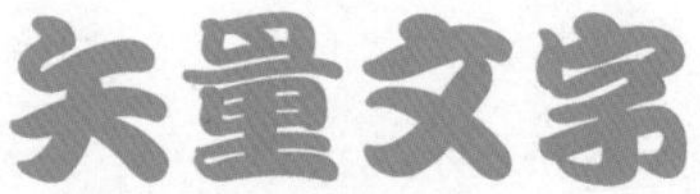

矢量文字

图4-18 点阵文字与矢量文字

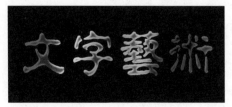

图4-19 在Photoshop软件里制作的文字效果

CorelDRAW软件,也有简单的文字特效处理功能,但一般不建议在这类软件里制作,除了因其效果单一外,还因其经常会造成文件的损坏。

第三节　色彩信息处理

一、彩屏的校色

图片制作时,由于扫描(电子分色或平板扫描)的中间环节传递,会造成图像色彩的损失、差异,应在印刷前"软打样",即利用屏幕校色(图4-20)。校色前将显屏校准,校准方法如下:

① 确保工作环境光源正常,光源为白炽灯光,显示器处于稳定的状态;

② 在原软件的支持下,使用本机输出的打样稿图片为参考;

③ 关闭桌面图案,将屏幕设为中性灰色。

二、如何提高黑色浓度

印刷大墨位黑色,四色容易偏色,单纯的黑又容易发灰,印不深。在实地100%的黑色中加30%~40%网线的青色,可以提高黑色浓度(图4-21)。

三、如何配置印刷色彩

设计文件的色彩配置必须要符合四色印刷的要求,不要以显示器显示的色彩来推定印刷品的色彩,这是两种完全不同的显示模式,印刷品的色彩无法达到显示器所显示的色彩效果。另外,在进行色彩配置时,不要用吸管工具随意地在拾色器中定色,应以CMYK的每项具体数值来选定所需的色彩(图4-22)。

四、正确使用印刷标准色标

一般印刷企业和设计机构都有一套或几套印刷用标准色标或专色色卡,色标或色卡是印刷色彩标准比例配置的印刷效果模版,是设计师和印刷企业准确控制色彩比例的常用工具(图4-23)。正确使用标准色标或专色色卡,可以确保印刷成品色彩的准确性,特别对于那些缺乏印刷经验和对色彩配置生疏的设计师,较有帮助。

第四节　承印材料

印刷使用的材料多种多样,从大的类别上分有纸张类、纺织品类、金属类(如易拉罐等金属材质的包装)、塑料类(如塑料袋、塑料包装等)、陶瓷类(如陶器、瓷器等)、复合类(如牛奶等液体类的软包装)。事实上可用于印刷的承印材料的种类范围非常广泛,但使用最多的承印材料是纸张,因此,在这里仅就纸张的相关内容进行一定介绍。

一、常用纸张的种类

用于印刷、书写、绘画、包装的常规纸张,是从悬浮液中将植物、矿物、动物、化学纤维或其他混合物沉积到适当的成形设备上,经过干燥制成的平整、均匀的薄页。广义来说,纸有纸张和纸板两个术语,一般规定,每平方米质量(称为定量)250克以下,厚度500微米以下的产品为纸张;定量250克以上,厚度500微米以上的产品为纸板或卡纸,我们常说的白卡、灰卡、黑卡等就属于这一类(图4-24)。

1. 胶版纸

纸张可分为非涂料纸和涂料纸。非涂料纸是指在经过制浆处理的植物纤维中添加适量的辅料制成的纸张,常用的胶版纸、书写纸等都属于非涂料纸。涂料纸是指以非涂料纸为原纸,再在其表面涂布一层白色涂料,并经过超级压光或美术压纹制成的加工纸,如铜版纸、玻璃卡纸、白板纸等都属于涂料纸。

图4-20 屏幕校色设置

图4-21 未加网黑色与加网黑色

图4-22 Photoshop软件里的色彩设置窗口[左]与CorelDRAW软件里的色彩设置窗口[右]

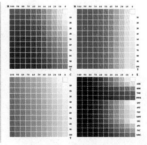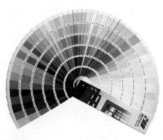

图4-23 常用的标准色标、色卡

图4-24 印刷用纸张

总体来说,胶版纸伸缩性小,对油墨的吸收均匀,平滑度好,质地紧密不透明,白度好,抗水性强,印刷时应选用结膜型胶印油墨或质量较好的铅印油墨。

2. 铜版纸

铜版纸又称涂布印刷纸,在香港等地区称为粉纸。铜版纸有单面铜版纸、双面铜版纸、无光泽铜版纸、布纹铜版纸之分。其特点在于,纸面洁白,光滑平整,具有很高的光滑度和白度,纸质纤维分布均匀,厚薄一致,伸缩性小,有较好的弹性、较强的抗水性和抗张性能,对油墨的吸收性和接收状态非常好。铜版纸主要用于印刷高级书刊的封面和插图、彩色画片、各种精美的商品广告、海报、样本、商品包装、商标等(图4-25)。

3. 新闻纸

新闻纸又称白报纸,是报纸及书刊的主要用纸。新闻纸的纸质松轻,有较好的弹性,吸墨性能好,印迹比较清晰,具有一定的机械强度,不透明性能好,纸张经过压光不起毛,适合用于高速轮转机印刷。目前我们常见的新闻纸,相对于铜版纸,平滑度较差,因此纸张在印刷过程中获得的网点不完整,色彩不鲜艳,色彩的再现性也差(图4-26)。

4. 哑粉纸

哑粉纸又叫无光铜版纸,有着细腻哑光的特点,很受设计师的青睐。但由于其表面纹理较疏松,大面积深色印刷时,墨色易脱落且难以干透,还会造成相邻浅色页面的污染。所以在设计应用时,应了解其个性,合理选用。

5. 艺术纸

艺术纸属于特殊用纸,有时也叫特种纸(图4-27)。由于纸张的纹理、视觉效果、质地等方面充斥着强烈的艺术感,所以通称为艺术纸。艺术纸的种类很多,在印刷使用上,不同质感的纸张可以表现出不同的成品效果,因此,设计师经常将艺术纸张作为提升艺术效果的重要手段。但是,不同的艺术纸张在吸墨性、色彩还原性和图像再现效果上有很大的差异,使用不当往往会适得其反,所以在选用艺术纸张时应该慎重,最好先经过机械打样再做决定。

二、纸张设定

现有的纸张尺寸有正度和大度之分,正度的全开纸为787mm×1092mm,可裁成16张195mm×271mm的纸,统称为正度16K;大度的全开纸为889mm×1194mm,可裁成16张220mm×297mm的纸,称为大度16K。需要注意的是,由于纸张有毛边需裁切,加上印刷工艺的需要,实际成品的尺寸是:正度16K是187mm×260mm,大度16K是210mm×285mm。纸张规格还有其他尺寸(表4-1),但这两种规格是最普遍使用的。如果设计师需要特殊尺寸制作画面,要先选定是用对开机还是四开机印刷,然后再选定纸张的幅面及开本数,因为要考虑纸张利用率最大化,所以,尽可能在整数的开本里做完设计的内容(图4-28)。

开本一般以开纸的大小来确定,如版面用8K(420×285mm)尺寸印制的画册,该画册为8K画册。另外,某些特种纸的规格尺寸与普通印刷用纸有很大的差别,比如欧洲纸尺寸和北美纸与国内常规的正度、大度纸尺寸有很大的不同,因此在设计印品时,应根据选用纸张的尺寸详细计算使用的规格尺寸,让纸张利用率最大化。

图4-25 采用铜版纸印制的成品

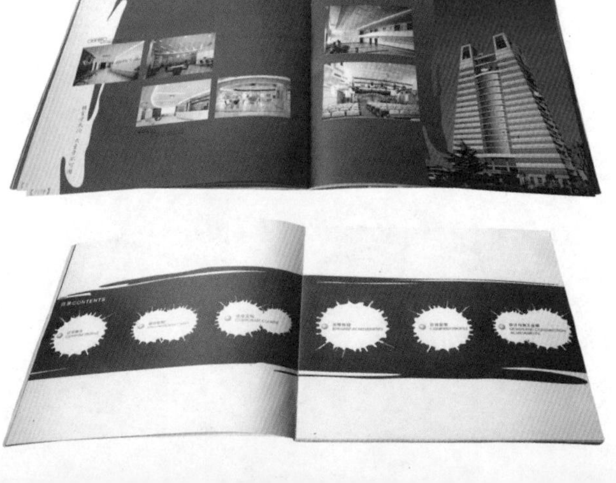

图4-26

图4-27

开数 \ 规格	787×1092	850×1168	880×1230	889×1194
全开	781×1086	844×1162	874×1224	883×1188
对开	781×543	844×581	874×612	883×594
4开	390×543	422×581	437×612	441×594
8开	390×271	422×290	437×306	441×297
16开	195×271	211×290	218×306	220×297
32开	135×195	145×211	153×218	148×220
64开	97×135	105×145	109×153	110×148
80开	97×108	105×116	109×122	110×118

表4-1　常用纸张裁切及开本尺寸表(单位：mm)

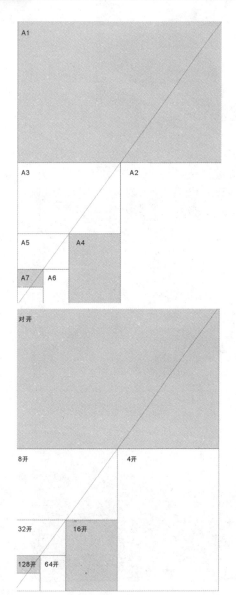

图4-28

第五节　页面设定

页面设定是指对页面开本大小、开本形状以及页面内信息元素合理规划等进行准确的设定。页面设定需符合印刷工艺的要求，除对版式中的所有元素进行符合印刷要求的技术处理外，还要求最终的印刷成品能确保各元素的完整性，不因裁切等工序而造成元素信息缺损或影响版式设计的效果。

一、页面术语

一张纸有2个P(英文：Page)，也就是我们常说的"页"。在印刷前要弄清楚是单面印刷还是双面印刷；是单页的印品还是成册的书刊。通常海报等用于张贴的印品都是单面印刷，书籍、手册、样本等都是双面印刷。页面的每一个细节都有不同的术语，依据设计物料的不同，用于印刷的设计稿页面通常包括页眉、底角、页码、裁切线、规矩线等术语。

二、页面出血

为保证印刷成品质量，在页面设定时需要留出必要的出血位。印刷图像裁切时，裁刀难以精确把握成品的尺寸，易产生错位，或切进成品的画面造成图文受损，或裁切不到位，使成品露白印影响成品效果，因此，需要对页面尺寸进行适当的放量处理，适量超出裁切框，这种设定就叫"出血"。一般出血的印刷成品，应向外延伸3mm左右，这一超出的部分在后期印刷完被裁切掉就叫出血(图4-29)。印刷成品边缘全白色，图文信息全部在版芯内，叫不出血。如图文超出版芯范围，覆盖页面边缘，叫出血图文(图4-30)。

三、纸张咬口位

无论是全开、对开、4开或8开机印刷，在输送纸时有一边是咬口，也叫叼口。咬口是纸在承印过程

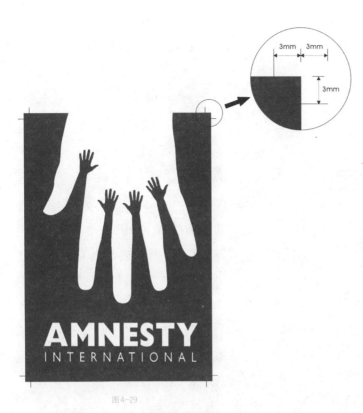

图4-29

International AIDS Day
December 1

图4-30(A) 不出血图示

图4-31

图4-30(B) 出血图示

中首先被传送进机器被送纸装置夹住的一边,也是印刷机油墨碰不到的部位。对开机咬口尺寸一般留有8~10mm宽度,全开机一般留11~14mm宽度,因这一部分是印刷油墨无法印到的位置,因此在设计版面或拼版时,不能有画面内容(图4-31)。

第六节　印前检查

1. 文件格式和链接文件

所有图像和印刷文件要存储为符合输出要求的文件格式。电子文件收集输出打包时,结合某些排版软件的特点,还应将主文件与图像文件、应用文件等放在同一个文件夹或目录里,并作必要的说明,确保文件交接无误。如在 Illustrator 软件和 PageMaker 软件里进行主文件排版设计时,通常所置入的图片文件并非是图片文件的全部数据(当然也可以置入全部数据,但不建议这样),因为图片文件通常都比较大,太多的图片会造成排版文件变得非常庞大,一则会影响排版的效率,二则有可能造成文件出错而损坏。因此,置入的图片文件只是和源文件建立了一种链接关系,确立了一个链接路径,通俗地讲,排版软件里置入的图片文件通常只是源文件的一个影子,只是起到文件显示作用而方便排版。为确保文件链接和路径准确,需要将主文件、图片文件等放在同一个文件夹里,并且,源文件的名称等不能随便更改,一旦更改需要重新置入。输出印刷时,需要将整个文件夹一并提交给印刷供应商,并现场打开主文件进行确认,如有问题及时修改。

2. 页面设置与印刷工艺

满版或单边溢出都要有出血设置的要求,专色印刷需要有专色版、陷印、叠印的相关设置。版式设计部分有设计规范、页码标号、页面尺寸、文字校

对等。特殊工艺需要按实际制作专用版。

3. 打印样张与色彩校正

检查打印的彩色样张时,其颜色会与电脑屏幕显示的颜色有偏差,为预防批量印刷时出现类似问题,应使用原图来比较进行色彩调整,并于输出前替换,确保色彩得到真实还原。

4. 字符字体与图像质量

字符在转换路径后不应出现丢失或乱码,如果用到一些特殊的字体,需要标明所有字符的名称,并拷贝字体文件到输出文件夹内作为备份。图像文件都必须采用CMYK模式,如果是单色黑的图片,则应确认其为灰度模式。有些排版软件,对图像进行移动或扩缩动作后,一定要重新置入。如果发现打印样张上出现位移或质量缺陷,应及时检查原图,重新链接置入或收集输出。

5. 印刷工艺与专色胶片

普通印刷工艺需要的文件不会太复杂,比如模切、压痕只需要标注准确尺寸的路线图,专色和凹凸需要专色版(可以做成黑色版)等。而立体烫印和浮雕等比较复杂,除了提供四色版外,最好提供真实原图或实物,这样,在激光雕刻制作模板时更加精确。

第七节　印刷打样

印刷中的打样工序,是整个印刷过程中必不可少的工序,该工序起到承上启下的作用。特别是在印刷活动越来越彩色化,印刷要求越来越高的今天,打样越发显得重要。

一、打样的目的

打样,就其上一道工序而言,可用来检查印前工序对图文信息处理的正确性,包括图像的阶调层

次、色彩的分色、版式的正确与否、文字是否正确等。对于用户而言,打样样张是印刷单位进入后一道工序的通行证,因为打样样张只有在客户签字之后才可进行印刷,签字是代表客户认可了印刷品的色彩再现、设计制作、信息内容等。对于印刷单位自身而言,打样样张是进行批量印刷过程中参照和检验的标准,即印刷过程中油墨颜色的调配、印刷色序的确定和印刷品的套印精度等,都是以此为标准来完成的。

二、打样的方式

1. 传统的机械打样

在传统的机械打样中,打样样张的制作流程和真正的印刷过程类似,即要完成印前的分色处理、分色软片的输出、打样印版的晒制,最终在打样机上完成打样。

传统的机械打样方式主要存在以下几个缺点。

① 成本高、周期长、效率低。

② 打样方式与真的印刷方式也存在一定的差别,主要表现在以下三点:

第一,打样设备与印刷设备在结构上存在差别。打样设备是圆压平结构,而印刷机目前基本是圆压圆结构,因印刷过程中采用的印刷形式不同,从而使印刷品的墨色表现也有所不同。一般来说,打样样张的墨色要深一些。

第二,两者的印刷方式不同。打样的样张在油墨的传递过程中是干式叠印,而印刷机在多数情况下是湿式叠印。

第三,打样与印刷采用的材料也有不相同的可能。

2. 数码打样

数码打样一改传统打样的方式,通过色彩管理软件,直接利用打印机设备输出打样样张。由于现在前期设计排版几乎都是在数字化印前系统中进行,所以这种打样方式显然更方便快捷。

数码打样的优势:

① 打样样张色彩稳定性可靠。由于传统打样是用人工进行下墨和调校压力,所以效果很不稳定,如果同一套菲林分别去打样,打样的效果也常常不一样,而数码打样是自动化成像,可以很稳定。

② 随着网络技术的发展,还可以实现远程数码打样。由于数字化的特点,其稳定性不亚于在本地操作,这无疑能给用户带来更大的方便。

③ 数码打样不仅投资成本低,而且效率快、质量高、效益好。随着数码技术的不断发展,这种对比还将更加明显。

④ 数码打样改错速度快,效率高。

⑤ 数码打样采用不同的色彩管理软件,还可以模拟其他印刷形式的印刷效果,如丝网印刷、雕版印刷等,从而满足市场上日趋多元化输出的需求。

思考与练习

1. 纸张与印刷效果息息相关,特别是艺术纸张,更能提升设计的品质,请搜集相关的印刷作品,深入分析纸张是如何有效提升设计品质的。可以从纸张的特性、印刷内容的主题反映、纸张的质感,以及与印刷工艺的关联性去思考。

2. 从印刷打样的目的来分析,印刷打样反映了印刷过程中的哪些问题?

印刷工艺

第五章　印后工艺与设计

与设计

[学习重点]

本章对于以上介绍的各种印后加工工艺的基本原理和工艺方法能做到真正的理解和掌握,特别对于在书籍装帧设计和包装设计领域中的应用,需要重点掌握,并能将印刷工艺与艺术设计进行有机的结合。

[建议学时]

12课时

印后加工是整个印刷过程三大工序的最后一道工序,它是将经过印刷的承印物加工成符合实际需要的形式或符合实际使用性能的生产技术的总称。

印刷品的印后加工包括三大类:印品的表面整饰加工、印品的成型加工及印品的功能性加工。表面整饰是对印刷品表面进行美化装饰,以此提高印刷品表面的光泽性、立体感、耐磨性等,从而改善了印品的外观效果,使印品变得更加绚丽多彩,尤其通过对印品精加工的修饰和装潢,再度提高了印刷品艺术的表现力和产品的档次。成型加工包括对书刊、书本的装订,对包装盒的模切压痕等加工。功能性加工可以满足有些印刷品需要具备的特定功能,如防护功能、票据的可撕裂功能、表格单据的压感复写功能、磁卡的磁防伪功能等。

第一节　常用印后工艺与设计

一、上光

上光是在印刷品的表面涂(或喷、印)上一层无色透明的涂料,经过干燥甚至压光处理后,在印刷品的表面形成一层光亮透明膜层的加工工艺。上光不仅可以增加印刷品表面的平滑度,提高印刷品表面的光泽性和色彩鲜艳度,而且能够对印刷图文起到保护作用,并为后道加工如模切或糊盒创造良好的条件,因而被广泛应用于包装装潢、书刊封面、画册、广告设计、海报等印刷品的表面加工中。

1. 上光种类

(1) 涂布上光

涂布上光工艺过程是先涂布上光涂料再压光,传统技术中都有这两道工序。上光涂料的涂布,即采用一定的方式在印刷品的表面均匀地涂布一层上光涂料,常用涂布方式有喷刷涂布、印刷涂布和上光涂布机涂布三种。

(2) UV上光

UV上光即紫外线(Ultra Violet)固化上光。将UV上光油涂布在印刷品表面后,经紫外线照射UV上光油可以在很短的时间内固化,是目前广泛使用的上光方式。UV上光适合于表面光亮度较好的纸张,如铜版纸、铜板卡等,以及表面平滑度较好,吸墨、吸油性却较差的特种纸张。常见的UV油墨主要以无色透明的居多,其实UV油墨的种类有很多,也有不同的颜色。UV油墨是一种具有高环保性能的油墨,由于油墨中不含挥发性的成分如溶剂或水,这就使得印刷品容易保持长久而不会变色,干燥后的UV油墨具有很高的耐磨性、稳定性。UV油墨印刷具有品质高、色彩鲜和图像清晰等特点。本教材封面专色红上即用了透明UV局部上光,使封面的色彩鲜亮,具有较好的光泽。

(3) 柔印光油

柔印光油是通过印刷机组来完成,也称"印光",可以根据产品需求选择使用水性光油或UV光油。如果印刷机组加装专用配置,那么进行双面柔印光油也很容易,为了获得较好的光泽,光油层比印刷油墨层要厚实些。

柔印光油也分满版印光和局部印光,许多包装印刷品或书籍封面使用局部印光,比如设计画面的重点以及画面中需要突出的图形、图像、文字等局部元素。

2. 工艺延伸

(1) 覆膜+UV局部上光

覆膜之后的产品再上UV光油可以增强油墨的耐光性能,提高了印刷品的光泽与立体感,具有锦上添花的作用。既可以采用满版UV上光,也可以采用局部UV上光。局部UV上光时,选用丝网印刷方式,因为其墨层厚度可以达到30um~100um,一次印刷的墨层厚度可以达到20um。用丝网印刷技术进行局部上光,印刷出来的产品表面更有立体感,层次较分明,而且精度也不错。

(2)烫金+UV上光

烫金+UV上光不仅具有强烈的金属光泽,而且具有明显的立体感,但烫印后如果要上UV光油,就应该考虑到电化铝的可接受性,即电化铝的表面张力要大于UV光油的表面张力。

二、覆膜

印刷品覆膜工艺是将涂有黏合剂的塑料薄膜与纸质印刷品经加热、加压处理后,使之黏合在一起,形成纸塑合一的产品。

覆膜可以提高纸质印刷品图文的视觉效果,透明光亮的薄膜(也称光膜)可以使印刷品光彩夺目、颜色鲜艳,还可提高色彩对比度;而亚光膜则给人柔和、深邃、古朴、典雅的感觉。覆膜还可以提高纸质印刷品防水、防油污、耐摩擦、抗光老化、抗撕裂、抗戳穿的能力,提高纸制品的刚性和成型稳定性。

覆膜技术一般有两类。

1. 热覆膜

由于热覆膜的薄膜背面涂有干燥型黏合剂,当与印刷品一起进入热压覆膜设备时,黏合剂由于受热发生作用,在一定压力下将印刷品和薄膜粘贴,冷却后马上就牢固成型。与冷覆膜比较,热覆膜设备比较贵。

2. 冷覆膜

如果纸张等承印材料或油墨受热压后易变形或损伤,就需要使用冷覆膜技术。冷覆膜的薄膜背面没有黏合剂,一般只适用于单面覆膜。冷覆膜时需要先在印刷品表面涂满水性黏合剂,再依序进入带有卷筒薄膜的覆膜设备,当薄膜与印刷品表面黏合后就完成了整个覆膜工艺,但需要几天时间自然干燥才能牢固成型。

三、印金与印银

印金与印银工艺本来是属于印刷工艺的环节,但因其出色的表现效果,在此作为印后工艺来介绍。

金、银墨印刷简称印金或印银,属于专色印刷,使用的是金属油墨,其特点是高贵优雅、色彩饱和、可应用范围广泛。组成金、银墨的成份主要有两种:颜料(色彩)和联结料(调墨油)。金墨中的颜料俗称"金粉",实际上是铜、锌合金按一定比例制成的鳞片状粉末。金粉中若铜的含量在85%以上,金墨颜色偏红,习惯上称为红金;若含锌量在20%~30%之间,则金墨颜色偏青,一般称为青金;介于红金与青金之间的称为青红金。而银墨的颜料是铝粉,是由65%的鳞片状铝粉与35%的挥发性碳氢类溶剂组成,铝粉颜料的比重较小,易于在液体中漂浮。

由于金、银墨特有的金属光泽,在设计、印刷行业一直占有重要地位,金、银墨印刷工艺在实际运用中也不断得到革新。金色富丽堂皇、雍容华贵,给印刷品增添了喜庆和华丽的气息,而银色表现出的素雅高贵也得到很多设计师和客户的追捧。常见的满版金或银,局部金银组合,金、银作为底色叠印四色等灵活的印刷技巧,广泛应用于画册、礼品包装、贺卡、精装书籍、平面艺术作品、挂历、台历等(图5-1)。

Stock and Foil Color.

Because many pigments☆ pastel and pearl foils are translucent☆ their color can altered dramatically by the color of underlying stock.

Design considerations for holograms

The manufacture's charge for creating a complex holographic image is no more than for a simple one. The primary variable is the finished size of the hologram. Large holograms require more foil and therefore more expensive. Stereogram require a photographic film shoot, and therefore are usually the most expensive to create.

It is important to consider what will be on the side of a hológram☆ as large areas of image or color will detract from the holographic effect. While text alone will usually not detract, it is best to anticipate what will back up the foil.

Consider the use of hologram foils to deter counterfeiting of documents and to increase perceived value. While two-dimensional and multiple plane holograms usually require only flat artwork☆ a true three-dimensional hologram requires that a 1: 1 scale model of the object be provided or created. Check with a hologram producer or your stamping vendor.

...ts stamping
...oils☆ avoid
...rs: use rounded
...ever possible.

...ed foils are
...ooth large areas
...ne or irregularly
...t☆ a stand
...ned" object will
...provide the desired
...ree-dimensional or
...e holograms. Always:
...ckground to the image☆
...ke of registration on
...f the effect. This is
...tunity for additional
...g objects" Also☆ if

DESIGN CONSIDERTIONS

Primary Design Considerations

To assure the success of a project, the first guideline you should consider is communication. By showing your layouts to an experienced stamping supplier early on, you can avoid production pitfalls later. Because foil stamping and embossing use different techniques than conventional methods of fixing an image to a surface, here are some general considerations a designer should observe:

Typesetting.

I n general, larger text Sizes work better than smaller. ill In' is a term used to describe bridging between the open areas of a character, or between to characters, which affects the legibility of the text and overall appearance. However, copy sizes that are too large present problems on textured stocks, with air entrapment' that can cause the foil to not adhere to portions of the

图 5-1

四、烫金与烫银

目前烫金和烫银是电化铝烫印的通俗叫法。烫电化铝是一种不用油墨的特殊印刷工艺,它借助于一定的压力与温度,运用装在烫印机上的模版,使印刷品和烫印箔在短时间内相互受压,将金属箔或颜料箔按烫印模版的图文形状转移到印刷品表面。电化铝烫印的图文呈现出强烈的金属光泽,色彩鲜艳夺目,尤其是金银电化铝,更显富丽堂皇、精致高雅,以其装潢点缀于印刷品表面,光亮程度和质感效果大大超过印金和印银,呈现出高档的品位。

1. 烫金材料

(1) 烫金版

烫金模板俗称烫金版或电雕刻版,多采用锌版(以锌为版材)和镁版(以镁为版材),另外还有黄铜版等。

锌版是最普通和使用最多的烫金版,厚度固定,制作费用低廉,适合1000~3 000张数量烫印。镁版有多种厚度,较厚的可以腐蚀深些,用于烫厚板纸、布纹或立体烫金,效果会比较好些,用于烫印纸张时边缘比较清晰,较锌版耐用,烫印较大数量时不必换版。铜合金烫金版,其硬度较锌、镁强,影像层次还原较佳,清晰度高,烫印数量可达十万乃至数十万份。以上用锌、镁、铜合金做版材都适合于单层的烫印。黄铜版,厚约7mm,硬度较低,可塑性大,适合手雕及电机雕刻,被视为雕刻版,层次分明,是多层及特别斜边雕刻的必选,可以用于击凸/压凹、压纹、立体浮雕,亦可以用于立体烫金(即烫金+击凸/压凹)。黄铜版制造工序较为繁复,造版价格贵些,视其图形的复杂要求而决定价格,市场上通常算法是按照每平方厘米计价(图5-2、图5-3)。

(2) 烫金箔

烫金箔,通常又叫金箔片,俗称电化铝。大部分烫金箔是由聚酯薄膜载体、隔离层、涂料层、金属层、胶黏层5层物料构成的。不同的金箔片在耐用性、抗擦伤性、抗腐蚀性、化学耐性、脆弱度、不透明度和黏着性方面有着不同的特性。烫金箔除传统的金、银色外,还有绿色、蓝色、红色等色彩可供选择。对于设计要求和印刷效果而言,选择与承印材料相适应的、符合设计要求、质量又好的金箔很重要(图5-4)。

图5-2 黄铜烫金版

图5-3 烫印效果

图5-4 烫印红色金箔效果

2. 烫金方式

(1) 热烫印

热烫印是指通过专用的金属烫印版,以加热、加压的方法将烫印箔转移到承印材料上。热烫印的价格成本相对高些,但烫印颜色效果及印刷质量较好。

(2) 冷烫印

冷烫印技术是指利用胶粘剂将烫印箔转移到承印材料上的方法。其过程是先在承印物的表面涂胶,再覆上专用冷烫膜并迅速剥离底模,就完成了整个冷烫工艺过程。冷烫印工艺又分为干覆膜式冷烫和湿覆膜式冷烫两种,不用制作金属烫印版(使用普通的柔性版)加热装置,制版和烫印速度快、周期短,成本比热烫印低,其表现效果也比热烫印要好(图5-5)。

(3) 立体烫金

立体烫金就是利用腐蚀或雕刻技术将烫金和压凹凸的图形制作成一个上下配合的阴模和阳模(如同我们常见的钢印一样),实现烫金和凹凸压印技术一次完成的工艺过程(图5-6)。由于这种工艺技术同时完成了烫金和压凹凸,减少了生产程序,也提高了生产效率。

(4) 平烫

平烫是最普通的烫金,四周留白,以突出烫金主体为目的。相对于其他烫金来说,制作过程比较简单,如果数量不多,采用锌版烫印就可以(图5-7)。

(5) 反烫

反烫与平烫相反,主体部分留白,背景部分烫金,烫印面积大小根据画面设计需要而定,如果金箔面积较大,需要考虑其附着性能否符合工艺要求(图5-8)。

(6) 篆铭烫

根据画面需要把烫金与印刷部分巧妙结合,先印刷再烫金。具体工艺制作过程中对套准的要求较高(图5-9)。

(7) 折光烫

烫金版制作时,主要图形与背景图形以不同粗细或走向的线条作为区隔,形成折光效果,强调图形线条的艺术感,通常采用激光雕刻版(图5-10)。

(8) 多重烫

在同一个图形区域重复烫金两次以上,需要经过多次工艺加工,同时还必须注意两种金箔是否兼容,以防止出现附着不牢现象(图5-11)。

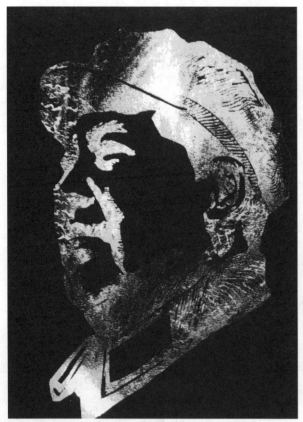

图5-5 冷烫印作品

图5-8 选自《印谱》

图5-9 选自《印谱》

图5-6 选自《印谱》

图5-10 选自《印谱》

图5-7 选自《印谱》

图5-11 选自《印谱》

五、模切与压痕

模切工艺就是用模切刀根据产品设计要求的图样组合成模切版，在压力作用下，将印刷品或其他板状坯料轧切成所需形状和切痕的成型工艺。

压痕工艺是利用压线刀或压线模，通过压力在板料上压出线痕，或利用滚线轮在板料上滚出线痕，以便板料能按预定位置进行弯折成型。利用这种方法压出的痕迹多为直线型，故又称压线。压痕还包括利用阴阳模在压力作用下将板料压出凹凸或其他条纹形状。

模切压痕工艺往往是把模切刀和压线刀组合在同一个模版内，在模切机上同时进行模切和压痕加工，故又简单称为模压。模压加工工艺主要应用于各类包装纸盒与纸箱(图5-12)，但根据设计的需要，也可用于图形的造型模切或凹凸效果的压痕。其模压原理如图(图5-13)所示。

1. 常用模压形式(图5-14)

（1）平切

按照设计图形要求模切文字或图案外观效果，是最普通的模切类型，通常也不会有非常严格的对位要求。

（2）切边

从单边切到四边切都有，也有专门的三边模切成型机器，比如可以对装订成型的书籍进行异形加工等。

（3）反切痕

模切后纸张反折回来，压痕线特别留下模切造型，以突出产品的创意或设计重点。

（4）手撕线

手撕线要注意选用合适的纸张以及模版制作，纸张需要有一定的韧性(不宜断裂)，也需要有一定的厚度(容易撕扯)。

（5）连痕线

起到似断非断、似连非连的作用，如有需要时很容易撕开。连线痕有圆点和线点两种。

（6）双折痕

折痕有单线痕、双线痕和正反折痕。较薄的纸张用单线痕，较厚的纸张用双线痕，多折及正反折痕等常用于拉页。

2. 模切注意事项

绘制模切版图纸时，要求线条平直、精确，并将模压品的展开图绘制在同一平面上，标注制版尺寸和成品尺寸，模切线和压痕线用其他不同颜色标注以免混淆。另外，设计模切图案时，应确保模切工艺可以实现，某些过于复杂的图案和尺寸过小的图案会给模切版的制作带来困难，甚至无法操作。

模压版　　　　　　　　模压过程

图5-12

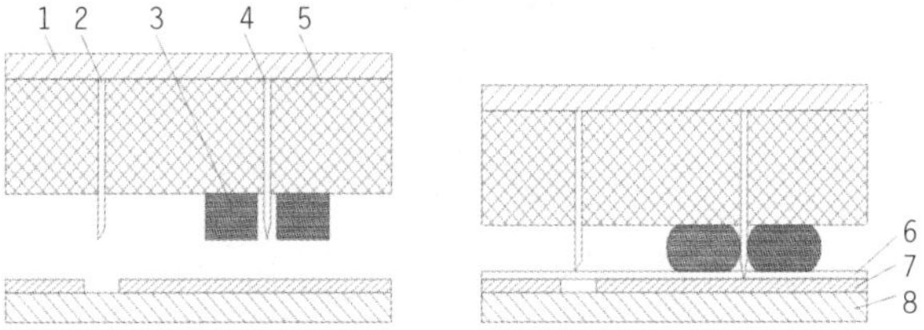

脱开状态　　　　　　　压合状态

图5-13

1.版台；2.钢线；3.橡皮胶条；4.钢刀；
5.衬空材料；6.纸制品；7.压痕线；8.压版

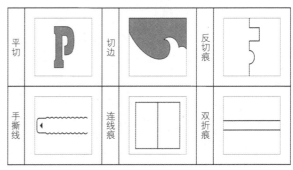

图5-14 常用模压种类

第二节 特殊印后工艺与设计

一、激光雕刻

激光雕刻是利用激光束与物质相互作用的特性对材料进行切割、打孔、打标、划线、影雕等工艺加工。由于激光独特的精度与速度,运用到纸张表面整饰领域能实现其他工艺技术无法实现的效果和效益。其工艺过程是:在激光加工系统与计算机软件技术紧密结合的基础上,通过图形处理软件将矢量化的图文输入到激光雕刻程序后,利用激光雕刻机(图5-15)发出的细小光束,按照程序设计在被雕刻的物料表面蚀刻图形或切割物体图案轮廓。

激光雕刻适合的物料非常广泛,常见的有纸张、皮革、木材、塑料、有机玻璃、金属板、玻璃、石材、水晶、陶瓷等。在纸张方面,激光雕刻可以镂空、半雕、定点雕刻、模切等。比如,传统印后加工的圆形、圆点或尖角模切,在模切刀制作和实际操作过程中都不能完美呈现,甚至无法操作,而激光模切则轻易就能达到理想的效果。

1. 激光雕刻形式

(1) 点阵雕刻

点阵雕刻类似于高清晰度的点阵打印,激光头按行左右移动,每行都形成由一系列点组成的一条线,激光光束再上下移动到下行雕刻,以此累进,最后完成整版预设图文。点的直径可以不同,深浅也可以设置,这样雕刻出来的图文就是通过点阵排列表现明暗和粗细,从而达到设计师所需的艺术效果。一般来说,直接把通过扫描或电分等方式输入的图文处理成矢量化图文就可使用。

(2) 矢量切割

矢量切割可以理解为模切加工,不同的是,矢量切割更加精确并可以在更多物料中广泛使用。

与点阵雕刻也有所不同,矢量切割完成的动作是图形轮廓,并且通常是穿透物体的一种切割。也有半穿透物体的矢量切割,比如在木材或金属的表面也可以通过设定深浅制作精美的标志或图形等。

2. 点阵雕刻与矢量切割的设计文件

点阵雕刻与矢量切割两者所对应的设计文件格式有所不同。

(1) 矢量切割设计文件

① 以CorelDRAW的文件格式CDR和Illustrator的文件格式AI等有路径的矢量文件为主。

② 纯路径的文件才可以切割,渐层、色块以及内嵌的点阵图皆会被判别为雕刻,文字需转曲线。

③ 粗于0.07mm的线条也会被辨别成雕刻,所以切割路径外的线条也需外框路径。

④ 除非特殊需要,文档中要留下的部分必须全部连接起来。

⑤ 切割时,激光是依物体的路径切割,所以如果要切割的设计文件有物体重叠的部分,需要将其合拼成一个物体。

⑥ 因激光雕刻的特性使然,欲留下的部分如果太细会被激光烧掉,一般来说,宽度最好在0.8mm以上。

⑦ 虽然最细的宽度可达0.8mm,但是为了印品

图5-15 激光雕刻机

的牢固性,建议以"网状"的结构来制作文件。

（2）点阵雕刻设计文件

① 灰阶的影像文件,无论矢量和点阵皆可雕刻。

② 除了黑色,灰阶是以网点密度来呈现的。

二、凹凸压纹

凹凸工艺就是通过预制好的雕刻模型和压力作用,使纸张表面形成高于或低于纸张平面的三维效果。凹凸压纹又称凸纹工艺,其中从纸张背面施加压力让表面膨起的工艺俗称"击凸",而从纸张正面施加压力让表面凹下去的则称为"压凹"。

凹凸压纹工艺要根据设计的图形制作一套凹凸印版（阴模和阳模）,利用凸版印压机较大的压力,对已经印刷好的局部图形或空白处,轧压出具有三维效果的图形,使印品具有立体效果,整个结构上也具有丰富的层次,增添更强烈的艺术感,常被设计师作为艺术效果的表现手段来广泛运用。

1. 凹凸模版材料

不同的设计要求和不同的印刷数量,可以选用不同的材质作为凹凸模版。模版材质不同,生产成本、工艺效果、制版方法和承印数量等也有着显著的差别。

（1）锌版（包括镁版）

采用激光照排和胶片制版,最大承印数量不能超过5000印,制版价格相对低廉,压纹效果边缘柔和,无法制作浮雕印版。

（2）铜版

采用激光雕刻技术制版,阳模可选择树脂或塑料材料制作,可用于较精细的图形和线条,承印数量可以达到10万印,制作价格较贵。

（3）黄铜版

黄铜版是目前制作凹凸模版最好的材料,采用激光雕刻制版,可以生产高品质的产品。适用于大批量的生产,能达到100万印以上。材料价格以及

制版费用较高。

2. 凹凸模版种类

凹凸压纹的工艺技术和设备相对简单,制作单层凹凸的印刷品并不是很困难的事情,主要技术要点是压力和制作模版。根据凹凸印版复杂程度、大小、深浅及角度的不同,凹凸印版和加工工艺的价格也有差别。可以用仅仅一种层次的、有斜面边缘或者圆状边缘的平面图形做蚀刻版画式底版制模来达到优美的凹凸效果;或者运用大量不同层次的雕刻、腐蚀版画式底版制模,以追求更立体的三维效果。当然,越精巧的设计,做模版时就需要花费更多的成本。总的来说,凹凸模版常用的有5个类型,见图表所示（图5-16）。

3. 凹凸种类（图5-17）

（1）素击凸

击凸区域以及周围没有任何印刷图案,对纸张的要求视具体设计图形而定,但颜色浅、纤维长而韧度高的纸张更适合素击凸工艺。

（2）篆铭凸

印刷时留下空白区域,印后再击凸。模版制作需要严格的对位要求,由于击凸后会连带交界处微微凸起,模版应略小于平面设计图形。

（3）肌理凸

根据图形的肌理和质感,与其他多种印刷工艺完美结合后,可以制作出类似复制精美油画之类的印刷作品,因此也被称为油画凸。

（4）版刻凸

突出面为立体平面结构,使图形整体浮出,但外围轮廓要依循画面设计而变化,呈现类似版画效果。击凸高度可以根据具体需要而定。

（5）多重凸

采用激光雕刻版,层次清晰,上下落差较大,对击凸模版制作技术有严格要求。为了突出细节,最

模版类型	图例	模版特点
单层模版		模版内图形处于同一平面和深度,主要用于色块、线条和单一的图形,具有图形边缘清晰的特点
多层模版		有比较强烈的立体空间感,不同深度的多层模版变化提供更广阔的艺术效果,通常用于表现类似山水、风景以及动物羽毛等
弧形模版	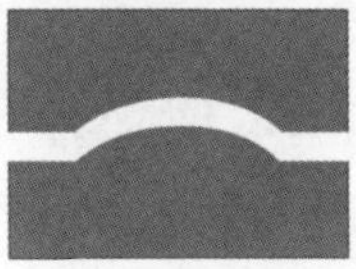	能够展现柔和的边缘效果,手感平滑,用于展示一些圆形或椭圆形物体,如:球类、运动器材等
斜边模版		介于弧形模版和单层模版之间,边缘柔和,如果击凸时需要较大压力,选择斜边模版则纸张边缘更不易被击破
浮雕模版	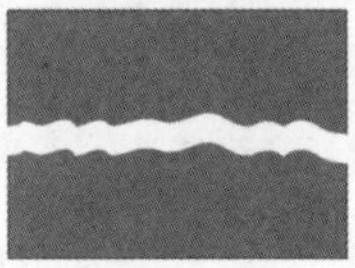	深度变化没有固定规律,有强烈的视觉冲击力,要注意深度变化不能大过纸张所能承受的最大负荷

图5-16 凹凸模版的类型

凹凸种类	图例	凹凸种类	图例
素击凸		版刻凸	
篆铭凸		多重凸	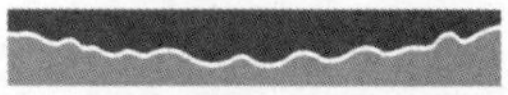
肌理凸		烫金凸	

图5-17 凹凸的种类

好向模版制作商提供精细的设计图形或原件。

（6）烫金凸

采用浮雕烫金版制作方法，击凸与烫金同时完成。击凸高度需要考虑纸张韧度以及金箔可以承受的冲击强度。

（7）热击凸

选用合适的材质和适当加温是热击凸的两个要素，先勾勒出图形的线条并制作成模版，当烫压机器加温到合适温度时，模版下压的接触面就会轻度灼伤纸张，在纸表面留下痕迹同时形成线条压凹和中间部分微凸的艺术效果。

4. 纸张的选择

纸张的选择同样会影响凹凸压纹最后的表现效果，例如含25%棉和含100%棉的纸张表现效果是不同的，纸张的厚薄、表面纹路的粗细也会影响细节的表现。为防止出现设计图形和实际效果的落差，应该及时和印刷供应商沟通你所选择的原料和需要的最终效果，让供应商以此考虑和制定适合加工的方案。对于纸张的选择需要遵循以下原则：

① 通常纸张的克重在180g/m²以上比较适合凹凸工艺，当然这并不是绝对的守则，但可以肯定的是，太薄的纸张容易破裂。

② 纸张应该有足够的韧性以承受压力冲击，厚度也是重要因素，特别对于需要突出浮雕细节的设计方案和艺术图形，足够的厚度和韧性是最终效果得以完美呈现的基本保证。

③ 纤维长的纸张更适合凹凸工艺，其耐压力比纤维短的纸张效果要好很多，所以在满足其他设计要求的前提下，尽量选择长纤维质地的纸张。

④ 再生环保纸不适合凹凸工艺。由于纸张自身的原因，极有可能造成不同页面出现效果的偏差，也容易产生边缘破裂现象。

⑤ 如果需要加热，如烫金凸，会使纸张变脆，容易增加纸张破裂的概率，因此在选择纸张时更需要慎重，并在四色印刷前做好实验工作。此外，还要适当提高用纸损耗预算。

5. 凹凸压纹工艺注意事项

① 烫金凸的模版不能有斜边，因为这有可能造成边缘金箔不能牢固附着。

② 有斜边的模版通常选用铜或黄铜材料，斜边角度以30°或50°最为合适。

③ 多层模版最好用于热击凸或素击凸。

④ 先做材料和效果测试是预防实际效果与设计要求出位的最好办法。

⑤ 与制版供应商多沟通，了解并确认承印材料的特性。

第三节　图书装订工艺

一、常用装订方法

1. 骑马钉装

骑马钉装是目前样本、画册等最常用，也是最普遍的装订方法。装订时把书页一分为二，用书钉沿中缝钉装。一般用于页数不多（根据纸张的厚度大多不超过24P）的印刷品。除非有特殊的设计和装订要求，选择骑马钉装的印刷品，其页数必须是4的倍数（图5-18）。

2. 无线胶装

无线胶装是指在内页之间以及书脊处用热熔胶粘接，再和封面、封底书脊处套粘在一起的装订方法。主要用于印刷量较大，内页纸张克重在157g/m²以下的书籍、手册等（图5-19）。

3. 锁线胶装

对于较厚的书籍或产品目录等印刷品，为了增加内页订装的牢固度，书帖之间无法只依靠胶粘固定,需要锁线加固。锁线就是在书脊的一面把内页用织线的方法上下缝接锁紧,再用热熔胶黏接,使得书籍装订更加牢固(图5-20)。

4.线装

一款很有中国特色的装订形式,主要利用棉线或丝线把整理好的书帖在书脊往书芯大约10mm处钻孔,再穿线成册。线装一般用于经书和具有古代文字图案风格的书籍,很多现代版的线装也经常采用繁体文字和竖排方式,以及采用宣纸等比较古旧的纸张材料。线装的特点是古朴典雅、文隽端庄,在书籍装帧设计中,结合线装形式的独特创意,更具有文化感(图5-21)。

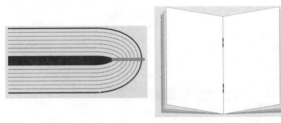

图5-18 骑马钉装订示意图

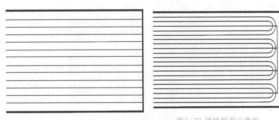

图5-19 无线胶装示意图　　图5-20 锁线胶装示意图

图5-21 线装形式

5.卷轴装

我们经常看到的中国绘画、书法等作品就是卷轴装,具有很浓郁的传统文化特色。阅读和观看时需要展开,而阅读后可以卷起收藏,这是我国非常古老的装裱形式。卷轴分为横轴装和竖轴装,使用材料和装裱工艺及装裱过程都比较考究(图5-22)。

6.经折装

也称为"风琴折",展开成细条状,采用上下叠把细条折成若干手数,前后黏以书面,结构如手风琴的风囊外观造型,故称"风琴折"。具体做法是:将一幅长卷沿着文字版面的间隔,一反一正地折叠起来,形成长方形的一叠,在首末两页上分别粘贴硬纸板或木板(图5-23)。

7.圈装

圈装就是预先设定好尺寸和规格的线圈(常见的材质分为喷塑钢圈和塑胶线圈两种),在印刷品的左边或上边打圆孔或方孔,线圈穿过后,利用圈装装订机压紧固定后整个装订程序就完成了。使用圈装装订的印刷品,阅读时能够把任何一页完全摊平,非常便于阅读和查询,常用于一些工具书籍、技术手册、菜谱、资料汇编等方面,厚度一般30mm为宜。圈装的不足之处是内页松散,整体的成册效果显得不精致(图5-24)。

8.活页装

活页装是最简单的装订形式,每张页面都可以很平坦地得到翻阅。与圈装不同的是,活页装的打孔数量一般是3个或4个,活页夹的材料有不锈钢和塑料两种可供选择,装订后可以任意增加或减少页面数量(图5-25)。

还有一种活页是由单个或多个螺丝钉与螺母配套成型的,这种装订形式只能单页单面呈扇形翻阅,阅读上有一定的不足之处,并且螺丝容易因松动造成部分脱落,影响成册效果(图5-26)。

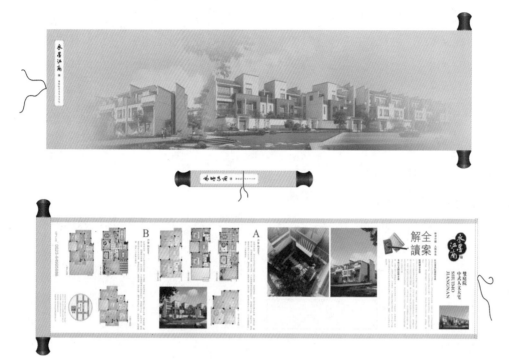

图5-22 卷轴装形式

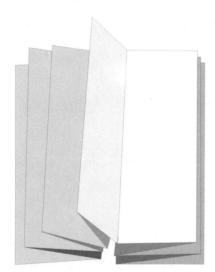

图5-23 经折装示意图

图5-24 圈装形式

图5-25 打孔活页装示意图

图5-26 螺丝钉活页装

二、精装书籍

书籍是印刷品中所占比例较高的印品,书籍的印刷制作也较能反映印刷工艺、印后加工工艺、装订工艺以及设计思想、表现手段、艺术效果等方面的内容,这对企业宣传样本、产品型录、手册等方面的设计具有很好的启发意义和参考价值。书籍有精装本和平装本(或简装本)之分。所谓精装本,一般指书具有一定的厚度,封面、封底和书脊采用硬纸板或其他特殊材料,且设计、印刷和包装都比较考究的大型图书、画册。平装本是与精装本相对而言的,一般是小型书刊画册和产品型录等,其封面、封底和书脊不采用特殊材料加工。除此以外,在术语名称和设计规范方面,两种书籍并无太大差别。

1. 书籍开本

与开数相对而言,开本是指书籍的成品单页面积占全开纸张单面面积的几分之几。习惯上把以下纸张的规格尺寸作为各种开本的基准(见表5-1)。

2. 书籍装订

成品书籍必须经过装订才能成册,选择何种方式装订精装书籍是设计师在规划书籍时必须首先考虑的问题。装帧设计是书籍的基本要求和设计上的重要亮点,通常情况下,考虑的主要因素有以下几个方面:书籍的厚度、开本尺寸、书籍的品位、使用的纸张、有无特殊工艺要求、是否有附属品如光碟、纪念品等。

规划设计书籍时,由于印刷拼版以4P(4页)为最小单位,所以每手的页数也必须是4的倍数。同样道理,书籍内页的总体页数也应该是可以被4整除(设计有插页、拉页、飘页等形式的书籍除外),否则将会出现空白页。

以下是几种常见的书籍装订形式:

① 精装圆脊;
② 精装平脊;
③ 折页形式;
④ 左右装形式;
⑤ 硬壳封套精装形式。

3. 书籍装帧设计术语

封面:成品书籍的正面,一般印有书名、版权人、著作权人等信息。

封底:成品书籍的背面,一般印有条形码、统一书号、定价等信息。

封二:指封面的背页,一般情况下留白或有简单图文。

封三:指封底的背面,一般情况下留白或有简单图文。

书脊:是指连接封面和封底中间这部分。书脊厚度的设计一般要根据页数、纸张厚度等内容确定。

表5-1 书籍开本尺寸表(单位:mm)

名 称	纸 张	开本尺寸			
		8开	16开	32开	64开
小开本	787×1092	260×370	185×260	130×185	90×130
大开本	850×1168	283×412	206×283	140×206	102×138
特大开本	880×1230	297×420	210×297	148×210	105×144
超大开本	889×1194	285×420	210×285	140×210	105×140

护封（封套）：封面、封底外的包封纸可以根据设计意图进行创意性的装饰设计，主要起保护和装饰作用。

环衬（衬页）：指与封二相连的空白页，一般不做设计，但也可以根据需要做简单的图文设计。

扉页：紧接于衬页之后、正文之前的页面，扉页数量可多可少，有单扉和环扉之分。扉页通常印有书名、版权人、著作权人等信息，主要起装饰作用，也有对读者阅读正文内容前起到心理过渡的作用。

版权页：按固定格式记录有书名、作者、编者或译者姓名、出版社、发行单位、印刷供应商、版次、印次、印数、开本、印张、字数、出版日期、定价、书号等。版权页常在扉页之后，但也可依具体情况而定。

目录：为了便于读者查找内页内容的索引，一般放在正文页之前。

插页：单独印刷插装在书籍内的单页，版面尺寸与材质可与正文页面不同。

拉页：插页的一种，版面尺寸多大于正文页面，经一次或多次折叠后与正文页面尺寸相同，阅读时需拉开展示。可根据需要进行造型设计。

飘页：在正文页面里与拉页相似，但横向尺寸一般为正文页面的1/3至比正文页面略小，只需一次折叠后与正文页面尺寸相同，在书籍封面上通常叫勒口。用于封面、封底时，以封面、封底的尺寸为基准，并可根据需要进行造型设计。

内页：正文内容的所有页面。

页眉：位于内页页面的上方或侧面，是版式设计的一部分。

页脚：位于内页页面的下方，是版式设计的一部分。

页码：可位于页面的四周，页码的常规排序是右页为单数，左页为双数。

书帖（手数）：无论是锁线装或胶装的书籍，内页装订时要分为许多小单位，每个小单位称为"书帖"或"手"，一般情况下每手16页（或16P）。

以上书籍装帧设计术语所反映的内容及形式不仅仅只用于书籍，作为一名设计师，为达成必要的设计目的和获得理想的设计效果，可以灵活地应用于企业宣传手册、产品型录、样本等可成册的印刷品（图5-27）。

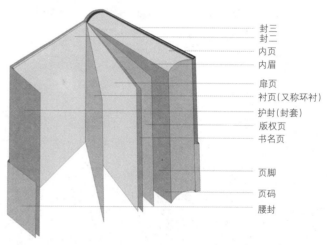

封三
封二
内页
内眉
扉页
衬页（又称环衬）
护封（封套）
版权页
书名页
页脚
页码
腰封

图5-27 书籍装帧设计术语图示

第四节　包装装潢

商品包装装潢是商品包装重要的组成部分。商品包装的价值不仅是审美的需要，更是其功能的体现，即商品信息的传达、内容与形式的广告性及对商品良好的保护性，它把买卖双方的距离拉近，促进销售和便利销售。现代印刷工艺技术在商品包装的生产过程中具有极其重要的作用。

可以说在众多的印刷品中，商品包装装潢是最能体现印刷的高端工艺和印刷效果的印品之一。而这些高端工艺和成品效果的实现大多体现在印后加工阶段，如材料装饰工艺、包装成型工艺等。

一、包装材料

包装材料是实现包装成品的基本物料，也是实现印刷必需的承印物。在选择包装材料进行包装设计和印刷时,需要从几个方面来考虑:一是能对商品进行很好的保护;二是能促进商品快速流通,即体现商品的促销功能;三是符合商品定位的同时能有效地降低成本;四是能符合环保的要求;五是便于运输、仓储、使用等;六是能满足印刷工艺的要求,等等。为保证包装成品的印刷质量和设计要求,通常选择不同的包装材料也需要选择不同的印刷工艺,因为不同材料的特性对印刷工艺的适应性是不同的。有些材料较适合胶版印刷,有些材料适合凹版印刷,有些材料适合凸版印刷,有些材料适合孔版印刷等。每种印刷方式和材料之间都有其特点、长处和不足,应根据具体的包装装潢设计,选择适当的印刷方式,充分发挥其特点和优势(表5-2)。

目前常用的包装材料主要有以下几个大类。

1. 天然类包装材料

天然类包装材料主要是指取材于自然生长或天然存在的材料经过一定的加工应用于包装,如木材、竹子,植物的藤、叶、茎,动物的皮毛、骨骼、外壳以及泥土等。通常使用这类材料较能体现天然、环保、绿色、健康等概念。当然,使用恰当也能大大降低包装成本。在印刷方面,这类材料较少直接用于印刷,根据不同的材料特性需要选择有效的装潢手段,如木材、竹子等材料,往往使用激光雕刻或手工

雕刻较能完美地适应材料的属性,有的也可以采用丝网印刷等手段。再比如藤、叶等材料经过一定的处理既可以直接包裹商品,也可以经过编织、打浆造纸等进一步的加工,制成适合承印的包装材料。对于不适宜印刷的材料,可以采用附件的形式来完善包装装潢,如用纸、塑料、金属等材料印制的吊牌、标贴、挂件等;有的可以采用釉彩绘制或丝网印刷,如一些陶瓷类的包装容器等(图5-28至图5-30)。

纺织品类包装材料主要是指用棉、麻、毛、丝、化纤等原材料纺织而成的棉布、麻布、毛料、丝绸等可用于包装的材料,这类材料较能体现面料的质感和纤维编织结构的艺术美感,其承印效果一般都能满足包装的要求,但针对不同面料的材质和纤维结构的疏密程度,一般都采用丝网印刷或热转印来达成装潢目的(图5-31至图5-34)。

2. 人造类包装材料

纸张、金属、塑料等其实都属于人造材料,另外还有一些复合材料和人造革等材料。为追求更好的包装装潢效果,提升商品的竞争力,提高商品的附加值和更好地保护商品,已有的传统材料有时无法满足包装的要求,需要开发一些合成材料替代传统材料;有的则是因为材料的稀缺性或对资源的保护,而采用人造的仿制品来代替,如仿动物毛皮的

印刷方式	特 长	主要应用
凸版印刷	适于线条原稿的包装印刷,墨色厚实,色彩鲜艳	商标、标贴、包装盒、标签、包装纸、不干胶商标等,柔性版适合于各种纸质包装品
胶版印刷	适于连续调原稿的印刷,层次细腻、丰富,适应范围广	广告招贴、宣传样本、包装纸、各种商标、标贴、宣传卡、挂历、马口铁印刷等
凹版印刷	墨色厚实、层次鲜明,适于塑料薄膜、复合材料印刷	各种塑料包装袋,复合材料包装袋,卷筒纸包装等
丝网印刷	非平面印刷和非纸张的承印物,印刷费用相对低廉	铝罐、玻璃瓶、陶瓷瓶罐等容器、纤维织物、木材、金属标牌等

表5-2 包装装潢中材料与印刷方式

人造皮革、再生纸(纸浆)等,这类材料大多都具有
很好的适应性。但对于具体的材料特性,仍需要选
择不同的印刷工艺或印后加工工艺来实现不同的
设计目的,如人造皮革采用四色套印无法达到良好
的印刷效果,可以采用烫金、凹凸压纹、雕刻等工艺
手段满足设计目的(图5-35、图5-36)。

(1)纸质包装材料

这类包装主要包括卡纸,如白卡、玻璃卡、金
卡、银卡等;纸板,如黄纸板、瓦楞纸板等。卡纸类
包装通常都能体现出良好的印刷效果,对印刷工艺
限制较少;黄纸板一般是作为盒坯来使用,表面需
要裱贴其他纸类印刷品,如仿绫纸、铜版纸等;瓦楞
纸板既可以直接印刷,也可以裱贴其他纸张,依据
成本的考量和设计的要求可以进行合理的选择(图
5-37至图5-40)。

(2)金属包装材料

金属类材料通常应用于各种高档商品的包装,
较能体现出商品的品位、消费人群层次、商品档次
等,有些大众商品也多使用金属材料包装,如易拉
罐等。金属类包装常用的金属材料有铁、铝、锌、铜
等,有些较为高端的商品甚至会使用金、银等稀有
金属。经过处理的金属表面其适应性较强,完全能
满足印刷的要求(图5-41至图5-44)。

(3)塑料类包装材料

塑料材料因其较为经济且对商品的展示性好、
封闭性高、可塑性强、承印效果佳等优势,是目前在
包装中使用较广的材料之一,特别是在食品、小商
品等方面的应用更为广泛,如各种塑料袋、塑料瓶
等。塑料光滑的表面较符合印刷工艺的要求,且能
呈现出良好的印刷效果(图5-45至图5-47)。

图5-28　　　　　　　　　　图5-29

图5-30

图5-31　　　　　　　　　　图5-32

图5-33

图5-34

图5-35

图5-38

图5-39

图5-36

图5-40

图5-37

图5-41

图 5-43

图 5-42

图 5-44

图 5-45

图 5-47

图 5-46

二、包装成型

包装成型常见的有以下四种成型方式：

1. 模切成型

模切成型的包装其结构设计相对较为简单，通常可以展开印刷，经过模压刀版裁切和压痕，最后对需要封合的边缘进行胶合、钉合或插合，使其成为立体的盒子。模切成型的包装盒常用于一些小型包装，如化妆品包装、食品包装、小电器包装等，其材料大多使用卡纸或单层瓦楞纸等便于裁切、压痕的材料。相对其他的成型方式，模切成型包装成本低、效率高，较适宜于短时间内大批量制作（图5-48至图5-50）。

2. 裱糊成型

裱糊成型的包装大多应用于礼品类包装以及一些具有较高价格或档次的商品。结合商品的定位要求、设计的创意思想、材料的选择、成本的控制等因素，裱糊盒的结构设计可以极其复杂，也可以相对简单。裱糊盒一般以纸板做盒坯，纸板可以选择白纸板、灰纸板、黄纸板等，也可以用其他板材做盒坯，如三合板、五合板、密度板等。用于裱糊在盒坯上的纸张其选择的范围更广，几乎所有的纸张都可以使用，但具体使用时要结合印刷工艺的要求合理选择，特别是裱糊盒通常是多种印刷工艺组合使用，这对于纸张的要求会更高。裱糊盒因其裱糊过程多为手工裱糊，因此效率相对较低，产量较小，成本较高。对于需要印制裱糊盒的企业或客户，需要提前与印刷供应商联系，一般要提前1到2个月联系确定，同时，最好是避开临近春节、中秋、端午等传统节日，这些节日的前1~2个月是礼品盒的印制旺季，通常印刷供应商会停止接收新订单，所以时间的安排也很重要（图5-51、图5-52）。

3. 模压成型

模压成型主要应用于包装容器的成型，以金属材料成型的包装或包装配件多采用模压成型，如用于包装的金属器皿、金属瓶、罐、管、盖等，有些塑料类的包装也采用这一成型方式，如塑料盒、塑料杯等。另外，一些包装的内衬通常也是模压成型，如泡沫内衬、纸浆内衬等。模压成型需要先根据设计制作一套模具，有些复杂的结构甚至要几套模具。模具一般有铸造模具和雕刻模具，材料上分有金属模具和木质模具等，选择什么样的模具需要根据使用的包装材料和成本来考量（图5-53至图5-56）。

4. 吹塑成型

吹塑成型多使用于塑料包装，如市场上常见的各种塑料瓶、塑料罐等基本都是采用吹塑成型的方式制造的。玻璃瓶等容器的制造也是采用这一成型方式，只不过所吹的材料是玻璃（图5-57、图5-58）。吹塑成型也需要根据已有的设计制作相应的模具，模具的材料通常有金属材料、陶瓷材料等。

三、印刷技术对包装的影响

过去，设计师强调对包装材料的选择，以满足包装的功能性要求。随着印刷工艺和技术的发展，新兴的油墨和工艺技术可以满足多种包装印刷的要求。如，在饮料罐上涂布紫外线固化底涂料，可以有效增强饮料罐的表面硬度，从而可以在产品线上更快速地移动，以提高生产效率。越来越多的包装印刷商和包装设计师开始关注产品的环保性能，鉴于此，设计师可以在包装设计的过程中考虑选用各种"绿色"环保型油墨，已达到印刷的环保要求。

基于包装的品牌宣传功能和产品推广功能的考虑，包装设计一直注重其个性化的实现，新兴的数字印刷由于其在印量方面的灵活性，可以印刷出适合不同客户群体的个性包装。

包装印刷中必须经常关注包装的非印刷加工领域，具备特殊设计和形状的包装通常可以采用丝网印刷技术印刷,或携带适合其形状要求的全息图像标签。在标签、纸盒或其他包装上使用全息图像还存在一些问题,一般印刷企业很少拥有全息图像生产采用的复杂技术,因此,包装印刷商通常在印刷加工过程中购买全息图像产品,将其粘贴、烫印或压印到包装上。由此可见,人类的想象力使包装印刷企业不断地寻找新技术、新方法来创造全新的包装装潢效果。

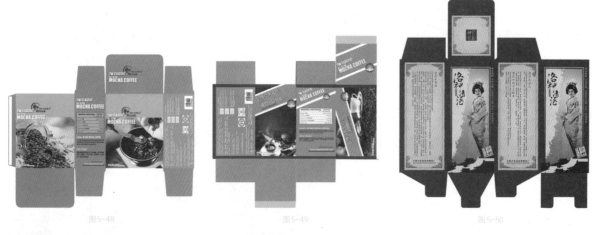

图5-48　　　　　　　　　　图5-49　　　　　　　　　　图5-50

图5-51

图5-52

图5-53

图5-54

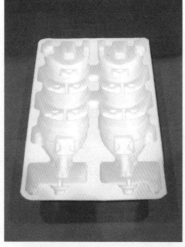

图 5-55　　　　　　　　　　　　　　　图 5-56

图 5-57　　　　　　　　　　　　　　　图 5-58

思考与练习

1. 上光工艺的种类有很多,针对每种上光工艺的效果,如何在具体设计中进行创新性的应用?

2. 包装设计是体现印刷工艺较多的印品之一,通过对包装印刷的介绍,结合实际的包装课程案例,深入分析印刷工艺的合理运用是如何更好地反映包装功能的?

3. 利用不同的装订形式并发挥创意,手工制作一本充满艺术感的艺术类手册,根据具体情况,内容页可通过手绘、数码印刷等方式呈现。

参考书目

邓普君主编．平版胶印[M]．北京：化学工业出版社，2004．

钟永诚主编．古今印刷术(印刷卷)[M]．济南：山东科学技术出版社，2007．

刘　丽编著．印刷工艺设计(修订版)[M]．武汉：湖北美术出版社，2008．

刘积英主编．印谱：中国印刷工艺样本(专业版)[M]．北京：印刷工业出版社，2009．

周以成，鞠铁瑜编著．印刷宝典[M]．杭州：浙江人民美术出版社，2004．

Nelson R.Eldred 著．包装印刷[M]．赵志强、陈虹、陈媛媛译.北京：印刷工业出版社，2010．

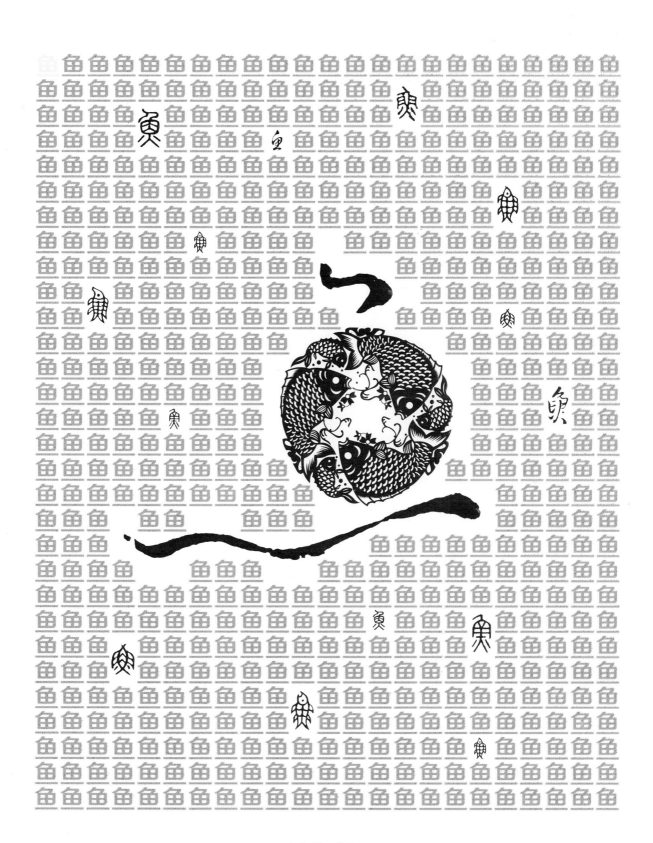

专色黑+彩葱UV

印专色金+印专色红

双龙戏珠

龙

舞

年  豐

樂

印　金

烫红金

烫蓝金（烫蓝色电化铝）

孔雀東南飛五裏一徘徊十三能織素十四學裁衣十五彈箜篌十六誦詩書十七爲君婦心中常苦
悲君既爲府吏守節情不移賤妾留空房相見常日稀鷄鳴入機織夜夜不得息三日斷五匹大人故

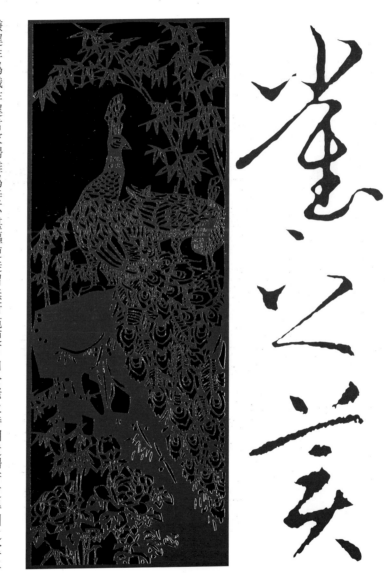

崔之業

嫌遲非爲織作遲君家婦難爲妾不堪驅使徒留無所施便可白公姥及時相遣歸府吏得聞之堂上
啓阿母兒已薄禄相幸復得此婦結發同枕席黃泉共爲友共事二三年始爾未爲久女行無偏斜何
意致不厚阿母謂府吏何乃太區區此婦無禮節舉動自專由吾意久懷忿汝豈得自由東家有賢女
自名秦羅敷可憐體無比阿母爲汝求便可速遣之遣去慎莫留府吏長跪告伏惟啓阿母今若遣此
婦終老不復取阿母得聞之槌床便大怒小子無所畏何敢助婦語吾已失恩義會不相從許府吏默
無聲再拜還入戶舉言謂新婦哽咽不能語我自不驅卿逼迫有阿母卿但暫還家吾今且報府不久
當歸還還必相迎取以此下心意慎勿違吾語

印专色黑+烫银

印刷术是指使用印版或其他方式将原稿上的图文信息转移到纸张等承印物上的工艺技术，其中雕版印刷术是人类历史上出现最早的印刷术。雕版印刷术是从盖印和拓石两种方法发展而形成的，是一种从反刻阳文的整版，经过翻印而获得正写文字或图样等复制品的方法。从现存最早的文献和印刷实物来看，我国雕版印刷术出现于7世纪，即唐贞观年间。贞观十年唐太宗令梓行（即印刷）长孙皇后的遗著《女则》，这是世界雕版印刷的开始。到了宋代，雕版印刷术已相当发达，从官方到民间，从京都到边远城镇都有刻书行业。历史巨著《资治通鉴》就是在这个时期刻印问世的。宋代雕版印刷术的发展主要体现在以下几个方面：在楷书的基础上产生了一种适合于手工刻制的手写体，为后来印刷字体宋体字的产生创造了条件。在印刷、装帧形式上，由卷轴发展到册页。册页的出现使每一页的格式统一、对折准确，到公元十世纪后，册页这种形式已被社会认可，且通行、流传至今。发明了彩色套印术。当时的彩色套印有两种形式：套版和饾版。套版是先根据原稿的设色要求，分别制出与其色标相同的若干块大小一样的印版，再逐色地印到同一张纸上，从而得到彩色印品。饾版是根据原稿设色要求和浓淡层次，将画面分割、勾画、雕刻成若干块版，将每一种颜色分别雕一块版，有时多至几十、甚至上百块版，然后再依照"由浅到深，由淡到浓"的原则逐色套合、叠印的工艺技术。发明了蜡版印刷。蜡版印刷是雕版印刷的一种，只不过版材不是通常所用的枣木或梨木，而是在木板上涂上蜡而已。用蜡可以快速的刻出字和图案，所以朝廷发布重要的信息、指令等要求立即张贴示众的，常常采用蜡版印刷。宋仁宗庆历年间，布衣毕昇发明了泥活字版印刷，成为印刷术发明后的第二个里程碑。活字印刷是预先用胶泥刻成一个一个单字，用火烤使其坚硬，印刷时根据文稿拣出所需的字依次排在事先已均匀地撒上一层松脂、蜡或灰之类的铁夹板上，然后将铁夹板在火上加热，等蜡稍加融化使活字与铁板凝固在一起，这样便制好了一块平整、牢固的活字印版。印刷的方法与雕版印刷相同，印完后把版放在火上再加热，就可将活字取下储存备用了。年前后，欧洲著名的发明家德国人约翰内斯古腾堡对原有的铅印技术进行创新，他用铅锡锑合金铸成铅字，使用油墨代替水墨，特别是创造了印刷机。这种创新的技术适应了欧洲宗教改革和文艺复兴的需要，迅速传遍欧洲和北美，对普及科学文化知识和工业革命的发展起了重大作用。年意大利的金匠腓纳求赖发明了凹印雕刻铜版，年奥地利的塞纳菲尔德发明了石版印术，使平版印刷原理适用于图文印刷。年法国人达盖尔发明了照相术，世纪七〇年代，英国人泰尔伯特制成了重铬酸感光胶和锌版。与此同时，法国和美国先后制造出圆压圆原理的轮转印刷机，适应了当时报纸书刊等大量发行量的需求。年英国人柯伦开始了照相排字机的研究，年美国人奥格斯与项特伦利用胶片制成照相字模版，年德国人巫尔进一步改进为成行照相排字机。世纪年代，国际上的照相排字技术由机电式进一步发展为阴极射线式，自年美国人鲁培尔发明平版胶印以来，平版胶印成为现代印刷技术的主流，并一直在不断的进步和发展。平版胶印技术的高速化和自动化过去人们一直致力于提高胶印机印刷方面的生产力，而所谓的"印刷生产力"，是指单位时间的生产量除以单位时间的生产消耗，即产量与消耗的比值，所以，一般说来，

增加印刷生产力有两条途径：提高印刷速度和降低浪费。提高生产速度已经被业界广泛重视，并已得到解决，对于单张纸胶印机，其印刷速度可以达到份小时的能力，而对于卷筒纸轮转胶印机，其印刷速度可达到每小时万份的生产能力，这个速度基本已经接近目前印刷的极限。为了降低印刷过程中的浪费，在胶印技术中开始采用无键供墨系统、水墨平衡自动控制系统、橡皮布自动清洗系统、自动换版系统等新的技术，提高胶印技术的自动化。由于传统的印刷工艺存在过多的工序，从而使整个印刷过程投入的设备过多，产品质量下降，管理成本提高及交货周期过长，为此，在胶印技术的发展上又开发出了直接成像技术。所谓的直接成像技术就是将计算机处理好的图文信息直接输出到已安装在印刷机上的印版上。这种革命性的直接成像技术大大简化了印刷生产的步骤，使印刷机变得简单易用，印刷过程可以完全控制，印刷效率大大提高，这在传统印刷过程中是绝对不可想象的。平版胶印技术印前处理向技术发展就目前来看，平版胶印的最终目标是保证每一个网点在各工序之间正确的传递，也就是说，平版胶印中各工序越少，网点的稳定传递可能性越高，同为了提高生产能力和降低印刷成本，人们开发出了一种将图文信息直接成像于印版上的技术，采用这种技术，可抛弃了传统的印刷软片（菲林片），减少了拷贝、晒版等工序，这种技术称为计算机直接制版技术，简称为技术。这里所谈的是指系统，而不是简单的机。系统是随着数码打样、自动拼版等的广泛应用而得到真正的解决，否则技术就谈不上发展。也就是说，系统赖以发展的不是机本身，而是流程。一套从排版到输出控制的完整的印艺数码流程是系统的基础，一套不好的印艺流程将会是系统发挥优势的最大障碍。因此，人们将会非常关心基于流程的系统。无水胶印技术在有水的平版胶印中，由于印刷中必须要有水的参与，从而使印刷过程的控制变得困难，也引发了一系列的问题，如油墨的严重乳化、纸张的掉粉、掉毛、油墨色彩发淡、网点扩大等。为此人们开始研发出一种新的技术无水胶印技术。无水胶印具有以下特点：实地油墨密度较高，由于无水胶印印版的结构特点，同样的油墨条件下无水印刷其他方式的网点扩大率更小一些，即油墨密度相同时，无水印刷比有水胶印具有更大的网点扩大。无水胶印可以印刷高网线的产品，大大提升印刷品的品质。由于无水胶印中没有水的参与，随着印刷速度的加快和滚筒之间的摩擦，滚筒表面的温度会急剧升高，温度的升高将会改变油墨的性能，因此，无水印刷过程中温度控制是非常重要的，而有水印刷中的水就起到了降低印版表面温度的作用。无轴传动技术无轴传动技术是指每一组印刷单元都由独立的伺服电机驱动，而各电机之间则由先进的控制系统进行跟踪平衡，其优点包括：极大的缩短准备时间，包括换版、调墨、套准调整等；大幅降低印刷损耗。无轴传动的印刷机，每一个印刷机可分别设定为"运转程式"和"准备程式"。在"准备程式"下，该印刷机组可以按照操作人员的意愿，在任意速度下转动，与正在"运转程式"下印刷的其他机组毫无牵连。这样，"准备程式"下的机组可以进行版辊清洗、油墨交换、任意速度下的墨辊调整等。印刷准备时间比传统设备缩短很多。由于印版运转精度相当高，各印刷机组间张力恒定，机器不仅在正常生产时比传统传动轴设备套印平稳，而且在增速、减速中也可以保持良好的套印效果。为满足业务要求，一个印刷工作完成后，下一个印刷任务只需要更换某一个版或版辊，那么将不同的预备版事先叠好，完成该任务后无需停机，只要将不用的版升起，同时预备版落下，利用快速调版功能即可开始下一个印刷任务。